中国近代建筑民族形式

冯 琳 著

中国建筑工业出版社

图书在版编目（CIP）数据

中国近代建筑民族形式 / 冯琳著 . —北京：中国
建筑工业出版社，2021.9（2023.1 重印）
ISBN 978-7-112-26473-5

Ⅰ. ① 中…　Ⅱ. ① 冯…　Ⅲ. ① 建筑艺术-研究-中国
-近代　Ⅳ. ① TU-092.5

中国版本图书馆 CIP 数据核字（2021）第 165096 号

责任编辑：张幼平　费海玲
责任校对：姜小莲

中国近代建筑民族形式

冯　琳　著

＊

中国建筑工业出版社出版、发行（北京海淀三里河路 9 号）
各地新华书店、建筑书店经销
北京建筑工业印刷厂制版
北京中科印刷有限公司印刷

＊

开本：787 毫米 ×1092 毫米　1/16　印张：12¾　字数：194 千字
2021 年 9 月第一版　2023 年 1 月第二次印刷
定价：**58.00 元**
ISBN 978-7-112-26473-5
（37959）

序

一

　　我在西安已经生活工作三十余年了，前一段在西北大学工作了十余年，后一段在西安美术学院又工作了十余年。在一定意义上，我是看着冯琳博士长大的，特别是冯琳博士在进入博士后流动站之前，在我名下攻读博士期间，对于她的性格、她的学术水准还是基本了解的。她是一个学术视野比较宽阔，学术胆量也比较大，头脑比较灵活，善于"跨界"的年轻学者。她勇于在一些新的学科生长点上用力和表达自己的观点，所以她做出今天这样的成绩，提供了这么一本书稿，完全在人们的意料之中。我倒是想借助她的书稿，谈一些自己的意见，也感谢她给予这个机会。当然，我谈的意见和她的书稿也有着一定的关系。

一

　　就在冯琳博士进入西安建筑科技大学，进入博士后流动站进一步学习和研究的时候，她所在的建大艺术学院邀请我去做了一次学术报告。在这次学术报告上，我再一次提出"建筑是第一文物"的学术观点。下面，我再把这个观点比较详细地叙述一下。

　　在一般人看来，文物怎么还有"第一、第二"之说呢？难道是按它们出现的时代排序，最早出现的文物或稍晚出现的文物分一二三四？难道是按照文物的地区或者国界来区分，咱们中国是第一，其他地区排二三四？难道是按照文物的数量多少来区分，数量多的文物类排在第一，其他的排在后面？或者是按照合法的文物商品价格，价格高的文物排在第一，其他的排在后面？都不是的。我这里讲的"第一"和"最重要"是一个意思，这个"第一"在英文词汇中往往和"首要、主要的"是一个词，比如"primary"，"第一"在我看来比较容易上口、比较容易使人记得而已。

第一，拥有建筑、重视建筑是人类社会区别于动物界的最重要标志之一。动物界当中也具有各种各样的建筑，有的甚至达到了匪夷所思的高水准，这是一个常识。比如啮齿类动物的某些地穴式建筑，鸟类的垒巢式建筑，更加令人赞叹的是蜂窝建筑。但是动物界的建筑往往是出于生物的本能，是人们还不能说清楚的宇宙规律给予动物的建筑成立的先决条件所致。人类在一开始的时候恐怕也差不多，比如说寻找洞穴，寻找树木覆盖作为自己的栖身之处，在人类没有走出动物界的时候，其"建筑"与动物界没有本质的不同。伴随着人类社会的发展，人类走出动物界最明显的标志就是建筑的营建、选择，这点在旧石器时代已经达到了很高的水准，尽管旧石器时代的大部分时间还谈不上"定居"，很广泛的还存在着对自然洞穴、植物的利用，但是很显然，已经有了最初的主动修葺和社会性的选择。接着，有人类出现以来，人类历史上迎来了最为深刻的革命，这就是新石器时代革命。在"新石器时代革命"三大最重要的标志之中，定居－建筑占有十分鲜明的地位。没有定居建筑，就不可能有三大标志之一——农业产业的实现，农业产业的最重要因素是有定居生活的农人；就不可能有三大标志之一——制陶业的出现，不言而喻，制陶需要有定居下来的人们来实现。讲到最初定居，很简单的标识就是按照地区的不同、气候条件的不同、水文条件的不同建造了具有各个地域特点的建筑物。人们看到现今世界丰富多彩的各种民族文明形式、国家文化形式，无一不是起源于人类的新石器时代及定居。换言之，也无一不是起源于建筑形式、建筑材料，以及社会性建筑的参差出现及至步入辉煌。

第二，建筑确实是人类社会当中最为面广量大的，人们顺应自然、改造自然的产物，是须臾不可离开的、群体性的、多样化的人工产物。房子是建筑，但是建筑不等于房子，建筑包括村落、城镇到大型都邑；建筑包括宫殿、民居、庙宇和陵墓；建筑包括位于原野的农业、牧业、林业、矿业等产业设施（包括田畴、沟渠、林区林带、矿井矿坑、各种管道，等等）；建筑包括绿地、园林直到人们圈定的自然保护区；建筑包括运河、公路、铁路和航线；建筑包括各种公交工具即人们移动的居住空间；建筑包括一切室内、室外的家具。这般说来，不是"泛建筑化"了吗？是的，地球上最面广量大的、必需的"人造物"，非建筑莫属。建筑，是每一个人打眼就可以看到的现存世界中的人工存在，以及古老世界曾经的人工存在，以及在设想、设计当中的未来世界包括地球外世界的必要人工建构组成部分。

第三，人们睡眠的时候需要休息在建筑物之中，人们清醒的时候往往在建筑物之内或者室外围绕建筑而工作；人类也可以是在建筑上行走、攀登、游戏；大部分人类最终还要安卧在一定的建筑物即陵墓之内。人类现实生活当中的一切都与建筑发生了这样那样的关系，有的是不可避免的依存关系，有的是欣赏、观赏的美好适用与否的关系，有的是直接作用在应用与否合适之上的关系。上面提到的家具，例如天天用的箱、柜、桌、椅、凳等，实际上就是建筑的一个门类。试想一下，大家使用的电脑、工具、服装服饰、文具、书本、食品（主要指成品）、装饰品等，人们创造和使用的一切，都和建筑形成了一定的数量的和体量的比例关系，以及实用上的适合关系，感知、接受、欣赏上的适合关系，等等。在这个意义上，广义上的建筑就是"老大"，其他一切人造物不过是派生出来的。

第四，建筑是"立体的画、无声的诗、看得见的音乐"，这一点早有人指出。人类从最早的工作和休息场所对建筑的依赖，其中就依据"适合性"的要求而出现了建筑审美的原则。到了后来，不断地创造出建筑之美以适合人类的不同需要，所以建筑是实现了人类美感、满足了人类美感，是人类的美感得以把握和不断创新的最重要的典型标本，一切建筑物都是水准不一的艺术品。我在这里说的是指对人类建筑最一般的美的需求，并不是特指社会大众眼中某些怪异的、丑陋的建筑形式，可是反过来想想，即使种种怪异的、丑陋的建筑形式，在创造者的设计企划之中，也应该是对美的个性化理解、表达，或者着意的扭曲化表现。简而言之，建筑是人类审美与艺术的集中表达之一，就群体存在而言，建筑在人类艺术史上的权重超过了其他文物和艺术品。

第五，不晚于旧石器时代晚期，由于人类的活动领域的不断扩大，在世界各地的早期建筑（在人类定居之前，可以称为"前建筑"），从新石器时代开始的人类稳定的定居建筑，人类以各地不同的自然条件，以后又依照生活习惯、民族习惯、宗教信仰甚至政治规定的差异，创造出了多种形式有别的建筑，形成了地区性的建筑、民族性的建筑、宗教性的建筑乃至于政治性的建筑。建筑成了自古以来民族和人群、文化区别的最鲜明的标志之一，这是人们轻易地、清晰地就能够加以区分的。建筑，是地球上各个地区、各个民族、各个国家文明和文化的最为直接的物化区分标本。

第六，所谓文物，就是人类社会的遗迹和遗物。谈到人类社会的遗迹，就是人类和自然共同作用当中留下的物化现象，这一点上几乎都和建筑有关。谈到遗物，其包含的方面就极为广阔，它们和文物的彼此互相影响的关系，前面已经谈到了。在这里我要说的是，各种文物和建筑之间形成了你中有我、我中有你、彼此关照、彼此表达的复杂群体存在形式关系。例如：建筑物对木质，泥、砖、陶瓷质，石质，金属质材料的需求，和对这部分材料的改造利用；例如建筑物内外对以雕塑为代表的艺术品装饰的需求，以及建筑内部对绘画为代表的艺术品装饰的需求；再例如，全世界各个民族不胜枚举的以各种材质、以各种艺术表现形式对建筑的模画、记录，形成了以雕塑为代表的三维的立体表现艺术，和以绘画为代表的二维的平面表现艺术。做一个完全不恰当的假设，如若人类没有建筑，那也几乎会没有一切艺术，几乎就谈不上有文物。

综上所述，人们在研究各种文物的时候，人们在把文物作为群体研究的时候，人们在把文物作为一种国家和民族象征来研究的时候，人们在把文物作为一种美学的物化来研究的时候，恐怕没有人会反对我提出的"建筑是第一文物"的提法了。因此，我在考古学、文物学、博物馆学教学研究当中，要求研修者们从建筑出发考察考古、文物和博物馆，要了解和把握建筑的时代的、社会的、基于一定文化功用的基本风格。这并不是要求大家都成为建筑学家，并不是要求大家能背诵中国的《营造法式》、西方的《建筑十书》，并不是要求大家背诵大量的建筑学专有术语、名词和计量方法，而是要求大家把握建筑发展的基本脉络，大致知道自古以来中、外建筑的基本派系风格，从大体上知道建筑作为实用到美学的重要的人类遗产，到大体上知道建筑的基本评价标准。只有这样，对于人们研究的具体文物，哪怕是青铜器、陶瓷器、书画、玉石雕刻等，才可能获得一个基本的学术背景和基本的考察思路。我在这里借冯琳博士的这篇著作，再一次呼吁大家关注"建筑是第一文物"这一命题，我认为冯琳博士的这篇著作是这种关注的一个必要"节点"的组成分子。

二

下面围绕冯琳博士的著作，谈两点看法。

第一点，选取的"中国近代建筑"，"近代"这个节点是非常敏感也非常有意义的。

人类离开了旧石器时代以后，形成了各个地区具有自己独特特征的民族建筑形式。在黄河、长江流域，逐渐形成了以土木建筑为特征的中华民族传统建筑。这种建筑群体，受大一统思维指导，强调平面的整体性，恢弘开阔，少量的建筑物（如塔）以孤耸形式点缀其间；这种建筑以取材便易、构架明了、修葺方便，以及本身具有很强大的弹性结构，在反映社会阶级阶层上主次分明，基本符合东方式的都邑和乡村使用；这种建筑附有具有中华特色的丰富艺术装饰手段；中华民族的建筑具有独到的优点和艺术欣赏价值。

可是应当指出，中华民族的建筑传统，基本符合数千年中华传统农业社会的生产、生活的需要，到了工业革命产生，近现代城市诞生之后，其建筑无论从形式、材料使用，人居生活和工作的方便等方面，日益暴露出和现代城市生活不相容的缺点。这种缺点只能靠时代性的创造来纠正、改进。

和清末中国社会结构、政治体制的变化是被帝国主义、资本主义列强的坚船利炮开启不太一样，建筑是潜移默化地，渐进地，靠着本文化体系内的先进人物，包括先进的政治人物、文化人物、艺术人物、商贸界人物，乃至建筑界人物去打开眼界看世界之后，逐渐地领悟、学习，并且在中华土地上实践，形成中国近代建筑民族形式的。

谈到近代建筑，那将首先是适合一个大型的现代城市、城镇的规划布局。它是强调建立在一种近现代商业文明基础上的、基本的人格平等，而排斥以往的基于地主官僚和广大农民、手工业者的阶级对立的建筑群体。与古代中国自宋代之后逐渐萌生，到明清时期普遍看到宫殿、政府建筑，以及一些寺庙强调其政治、文化统治的崇高表达不同的是，近代出现了针对一般性市井建筑的悉心设计，更强调建筑的功用性、实用性，看重它的平等、实用、流通，这点是在中国的传统建筑体系中逐渐灌入的全新概念。所谓近代建筑，往往从外观上就可以区别于传统建筑，消除了中国传统形式与先进实用功能上的矛盾。

近代建筑，需要对建筑的使用寿命、使用方便进行进一步考量。它摆脱了中国传统的中等或下层建筑中随拆、随毁、随需、随建、随用的一定程度上土木建筑的随意性。这种随意性甚至也出现在因改朝换代而造成的部分官式建筑的损毁、破坏上。在中国古老的传统建筑中，某些石窟、某些砖瓦的塔、庙乃至宫殿，是获得了较长的寿命，但是纯粹的土木建筑，其寿命是不可能太长的，建筑者和使用者也没有这样的需求。近代建筑，其设计和先进材料相结合的特点，大大提高了建筑的平均寿命。

在建筑材料的选取上，中华传统建筑应当说是比较亲近自然的。在亲近自然、以土木建筑为主造成了一定实用上的舒适性的同时，对自然建材群体也造成了反复建、反复拆、反复毁的事实上的浪费。近现代建筑采用的最主要建材是钢材、砖石、水泥等，这不仅仅反映了建筑材料本身的进步，也反映了在选材问题上人类走向集约化、节约用材的更为正确的道路。我认为，这种进步是随着工业革命的到来而到来的。工业革命和新型的资本主义体制为建筑在规划设计、材料选择等方面做出了优于古老农业传统的新选择。这种选择在欧洲地区、近东地区的结果，不言而喻也形成了建筑形式上的丰繁的发展。这些地区的种种建筑依靠自身的结构、墙体的厚薄，依靠讲究的通风、光线的处理，依靠公共活动空间的宽敞、适用，依靠个人私密空间的隐秘、温馨，以及普遍适用的多楼层式设计，凡此种种，在初步接触到这一些的中国人眼里，都是具有新意的刺激。

在中国率先开放的码头、交通要道口、新的商业群居中心、侨乡等，人们自觉地、悄悄地引进了所谓近现代建筑的样式，又往往称作洋式。这些"洋式"的进入，在几千年的中华建筑史上，具有一定的革命性意义。到了现在，打眼看去，从我国首都的宏伟广场，到各个边远地区的城镇、乡村，基本上都是由这些所谓近现代建筑发展而来的。因此，研究近现代建筑在中国的发展，关系到建筑学本身，关系到民族行为科学，关系到这一古老民族和世界上各个民族的交往，甚至关系到这个民族的现代基本生活方式及其未来。

我不能说冯琳博士的研究已经囊括了艺术有关于这些节点的一切，但是关于中国近代建筑的产生、发展以及影响的研究，无论从哪个侧面去介入、研究它，都是非常有意义的。在这一点上，我坚决支持冯琳博士的研究。

第二点，在"中国近代建筑民族形式"这个词组当中，非常重要的一部分是关于"民族形式"的讨论。这一讨论在中国起码已经有了百年之久。其讨论的基本内涵是什么？外在表现是什么？这一讨论的意义在哪里，以及学科研究对象究竟是什么？讲到这一点，想说的话就比较多。

从对待传统建筑的态度上说，中国国内实际上存在着以下三种意见。第一种是极端的传统拥护者，认为祖先留下来的一切都是好的，这部分意见应当说已经没有什么市场了，因为人们不会回到半坡式的半地穴式的、半地上的建筑，不会回到单纯的土木建筑；这一部分先生所要维护的明清以来的建筑，实际上或多或少已经带有近代的特色。第二种意见，是极端的反对民族形式的，他们所喜欢的是百分之百、原汁原味的欧美风格，这点在实践上实际上也是有难度的；百分之百的欧美建筑，作为小品、点缀，作为游乐园的介绍性展示未尝不可以，但是在一个东亚大国，要经得起环境的考验，经得起人们心理的、欣赏习惯的考验，更要经得起几千年传统文化的考验，因此百分之百把近现代建筑理解成纯欧美式建筑的意见，实际上市场也不会很大。第三种意见，就是坚持近现代建筑的科学方向和民族使用的、民族习惯的、民族审美的结合，这一点是越来越多的研究者、建筑实践者所能接受、拥护的，也是建筑使用者目前普遍欢迎的。

以上这第三个意见，用语言文字表达是不困难的。可是面对中国丰富的自然环境、丰富的建筑用途，面对中国各个地区、民族人群的差异，要把这一想法落到图纸上，落到建材的筹备上，落到建筑的实践上，却不是一个容易的事情。应该说，这种考量和实践已经有了上百年的历史。在这个历史当中，我们看到了代表第三种意见的两部分先行者。

第一部分，是国外来到中国的建筑学家，例如亨利·墨菲，他们感受到了中华文化的博大精深，中国历史的渊远流长，感受到了以中国的明清宫殿和寺塔建筑、陵墓建筑为代表的东方气派。他们绝不仅仅是好奇，而是在琢磨把东方气韵运用到建筑学当中去，于是以金陵女子大学、燕京大学为代表，形成了从建筑群体到建筑单体、建筑结构上对中国传统的仿制。需要指出的是，这种仿制的最基本单元，使用的开间和具体屋宇还是近代建筑式的。这部分人对中国建筑倾注了很深的感情。他们的建筑实践，一方面把中国建筑中美丽动人的一面推向了世界，一方面也刺激着中国本土的建筑学家深入考量这个问题。

另一部分人，是受过西方教育的中国建筑家，如梁思成、杨廷宝、童寯等。他们大手笔、大体量地接受了西方建筑的气质和功用，做成了"洋房"。但是在夺人眼球的那几点上，也就是建筑装饰上，加入了中国传统建筑的语言和符号。比如斗栱、护栏、装饰以及室内的天花等。他们早期的实践显得有些稚拙，被称为"带着瓜皮帽的洋式建筑"，但其中确实有很进步的因素，也就是不仅仅表现中国气派，并且为有几亿人民的民族所喜欢、接纳，在实用上进入了近现代的范畴。

一百多年过去了，近现代建筑在中国获得了长足的发展，改革开放以来更是出现了日新月异的变化。总的来说，只要是在中国土地上做现代建筑，以上两种理念体系上的派别，实际上还是会出现的。作为建筑师，不管是有意为之还是无意为之，在出第一张草图的时候，往往就会考虑到中国文化如何考虑的问题。

理解建筑的理论和实践，要认识到首先这恐怕是一个历史范畴的问题。具体地说，古老的帝制在中国结束之后，尤其是民国初年至民国中期是近现代建筑在中国土地上迅速发展的一个时期。这一时期，既有成功的一直延续到现在，影响到现在的优秀建筑，也有一些比较稚嫩的，现在看来可以给予批评、作为教训的建筑。无论怎么说，这些建筑都是百年以来的重要遗产。这部分遗产，它首先不是隔断传统的，而是在传统的基础上深挖开来、成长起来的；其次，它不是独立隔绝世界的，而是主动拥抱世界上优秀建筑的；再次，它是大体上适合中国近现代中国城市使用的。尤其是第三点，在1949年以后，特别是改革开放以后，人们更加深刻地认识到这一点，这个认识依旧是回归到一百多年前，中国近现代先驱们的努力和贡献的。

我在这里并不是说百年以来或者是70多年以来，人们还是套用着近现代建筑先驱们的全部建筑样式，而是继承他们的思想。这个思想的中心点，就是把一个地球上人口最为众多的地区，城镇化发展极为迅猛的地区，把这个地区的建筑在传统的基础上推向现代化。当然不可否认，现代也有了断然拒绝传统的做法，出现了一些被称为"试验性"的中国现代建筑，这是否能够成功，还是前行一段，再从传统的（包括百余年来）的武库之中拾回一些什么，我们等待着实践和建筑哲学的回答吧。

冯琳博士的论著，正是继承了先驱们的建筑思想。从考古学、文物学、建筑史学、博物馆学的同仁来看，设计思想的形而上的东西，应该有形而下的实物的物证。很高兴，冯琳博士以她的论作，提供了可以看到中国百余年来走向现代化的艰辛以及成就的辉煌部分的重要物证。

三

倚例，在序言之末，我填一支词，以表达对于年青学者的期望，同时亦作为读后感：

《步蟾宫·〈中国近现代建筑民族形式〉序后》：

金风传送精心阅。第一指，人居文物。

百年来，贫弱转昂头，广厦美，镇乡城堞。

或存传统频回调。或学那，海山辽阔。

为民生，妆旧国，建新时，慨然唱，齐天光燮。

2021年8月18日于秦汉杜地唐时宣义坊

周晓陆

前　言

　　自 20 世纪 80 年代改革开放以来，我国建筑业伴随着国力的不断增强而飞速发展，成为国民经济中重要的支柱产业。时至今日，建筑行业的突飞猛进不仅解决了国内大量分属于各阶层群众的就业问题，还在城市及农村地区人民居住条件的改善上取得了很大成绩，城市面貌、人们的生活状态与精神风貌都发生了根本的变化，中国也成了世界范围内建筑活动最密集的地区之一。越来越多的外国建筑事务所、建筑师来华拓展业务的同时，很多中国本土的优秀建筑师也开始走向世界，在海外取得成绩、收获影响。然而，面对风云变幻的国际文化背景，中国城市建设在飞速发展的同时，也出现了一种引人担忧的动向。

　　2014 年 10 月，习近平总书记在文艺工作座谈会上提到，近年来，城市建筑中贪大、媚洋、求怪等乱象，是典型的缺乏文化自信的表现，城市在未来的发展中"不要搞奇奇怪怪的建筑"[1]。2014 年 1 月 16 日，《南方周末》刊登了关于在南京召开的"中国当代建筑设计发展战略"国际论坛的报道，工程院院士程泰宁先生在会上提出"价值判断失衡、跨文化对话失语、体制和制度建设失范"成为阻碍当代建筑健康发展的重要问题[2]。在会上也不乏学者对中国当代城市建设暴露出的建筑文化、建筑环境与建筑物本身之前的矛盾提出看法。

　　"我们是一个五千年历史的文明古国，有很多两三千年历史的文化名城。但现在，改造后的城市，越来越看不到城市大树的年轮，看不到城市老人的皱纹，反倒像是用激素催生的树木。"宋春华感慨道。

　　"我们建筑师要反思自问：我们能给下一代留下什么？到新中国一百年，我们又给共和国留下了什么样的建筑？"

　　"如果这种文化失语、建筑失根的现状不能尽快得到改变，再过

① 习近平. 文艺工作座谈会上的讲话. 2014
② 吕明合. 中国当代建筑论坛上的"炮声"[N]. 南方周末，2014-01-16（5）.

三十、五十年，中国的城镇化进程基本结束，到那时，我们将以什么样的建筑和城市形象来圆'美丽中国'之梦？建筑作为'石头书写的史书'，又怎样向我们的后代展示二十一世纪中国崛起的这段历史？"[①]

这些批评的声音，主要反映了社会各界及本土建筑师们对当今中国城市中存在着的"千城一面、山寨横行、跟风刮风、求大求洋求怪"等现象的不满，并对以这些手法来实现"与世界接轨"的动机进行反思。由此可见，本土建筑文化缺失这一问题在近些年来，正逐渐引起社会的广泛关注。随着全球化背景下日益严峻的文化趋同倾向，当代中国建筑迫切需要在传统文化的承续方面进行深度挖掘与创新。在此过程中，回顾历史是一种必然选择。

近代以来，我国传统建筑文化的承续问题大致经历了四个阶段的讨论。第一个阶段，以20世纪初推行的关于"中国固有式"建筑在全国范围内的广泛实践为发展高潮；第二个阶段是中华人民共和国成立后的20世纪50年代初期，受苏联影响而展开的对"社会主义内容，民族形式原则"建筑的探索；第三个阶段是在20世纪80年代改革开放后，由北京"夺回古都风貌"行动而启发的一系列中西结合的建筑实践。在这三个阶段中，以借鉴中国传统木结构官式建筑的外形来体现本土建筑文化，一直是设计师们进行创作的主要思路。

进入21世纪后的第四个阶段，"批判性地域主义"引发了新一代的中国建筑师，对于长期以来承续传统而受"折中主义"影响的形式至上问题进行了深刻反思。从近几年较有影响力的本土建筑师的作品可以看到，他们正在积极尝试打破自20世纪初到现在形成的，以模仿建筑外观来表现民族精神的思维定式。但回到国内主流建筑市场，在解决如何体现民族本源文化这一问题上，采取的普遍方法仍旧是以传统木结构建筑为原型进行明显的复古、摹古，大量修建仿古建筑群。作者认为，盲目地照搬西方，或是一味地复刻古式，这两种极端的设计理念都是不科学的。什么是既符合时代需要，又能体现本民族文化特征的建筑，关于这个问题，我们应该不断地回顾历史，从相似的历史节点中，从面对相似环境的解决问题的思路中，从对每一次革命性尝试的反思中寻找答案。

体现本土文化特征的建筑实践，从产生的最初就伴随着中西方文明

① 吕明合. 中国当代建筑论坛上的"炮声"[N]. 南方周末，2014-01-16 (5).

的激烈碰撞。经过中外建筑师的一步步探索、实践，中式建筑外形加西式建筑原理的结合方法在短短的百年间衍生出了多种类型，最终在20世纪上半叶确立了"民族形式"建筑的基本范式，这为当代建筑在传统的现代表述问题上提供了重要思路，具有珍贵的历史价值和当代参考价值。

本书将以1911-1949年作为主要时段、以中国近代官式建筑为主要功能类型，对民族形式建筑的艺术特征进行深入讨论。通过对中国传统建筑元素在近代的适应性转变进行分析，结合建筑师的设计方法，梳理他们的设计思想，并尝试总结民族形式建筑的基本范式，期望能为当代建筑艺术研究中关于传统文化的继承和创新提供一些思路。

目　录

1

第一章

中国近代建筑的诞生

人们习惯于把建筑称为世界的编年史；当歌曲和传说都已沉寂，已无任何东西能使人们回想一去不返的古代民族时，只有建筑还在说话，在"石书"的篇页上记载着人类历史的时代。

————［俄］尤里·鲍列夫

中国近代建筑的历史进程，一方面是中国传统建筑的延续，另一方面是西方外来建筑的传播，这两种建筑活动的互相作用（碰撞、交叉和融合），构成了中国近代建筑史的主线。[①]1685年清政府开放海禁，先后在粤（广州）、闽（福州）、浙（宁波）、江（上海）四地设海关，对外贸易达到高潮，西式建筑随着频繁的中西交流涌现在人们的视野中。这其中以广州十三洋行和外国商馆最为著名，北京城内也开始恢复建造西式教堂。这些西式建筑引起了普通居民的好奇心和兴趣。黄表撰《远游略》（1689年），中云："京城宣武门内设有天主堂，西则通微教师汤若望第也。内建庭池台榭，式仿西洋，极其工巧。天文生周友同诣，足称奇观。"[②]

除了这些西式建筑实物，清代初年传教士所带来的图书也向人们传播了大量的西方建造知识；同时，中国开始有人游历西方，并且留下了西方城市建筑的文字记录。康熙年间出游国外14年的樊守义撰写了中国人第一部西方游记——《身见录》，书中描述了大量的西方宫殿、教堂、皇家园林等高规格建筑，其中对罗马建筑的记载颇为翔实，甚至提到了当时尚未完工的佛罗伦萨主教堂。该书虽然不吝赞叹西方建筑的宏伟，但并没有涉及中西建筑之间的比较。[③]

在这一时期，传教士所带来的西式建造原理影响了中国明清建筑的施工技术，很多著名建筑，例如圆明园海晏堂，就是在传教士指导下由中国工匠完成的。中国工匠学会了西式建筑部件和装饰的做法，包括清代皇家建筑师样式雷家族在内的众多中国匠人，逐渐开始参与西式建筑的设计。他们在绘图、模型制作等方面，都很大程度地受到了西方影响。

在早期中国中心观念下，并没有中西对立的建筑观念，中国建筑是

① 张复合. 关于中国近代建筑之认识：写在中国近代建筑史研究国际合作20年之际［J］. 新建筑, 2009（3）: 133.
② 方豪. 中西交通史［M］. 上海：上海人民出版社, 2008: 649.
③ 王颖. 探求一种"中国式样"：近代中国建筑中民族风格的思维定势与设计实践(1900-1937)［D］. 同济大学, 2009: 22.

① 伍江. 上海百年建筑史 1840-1949 [M]. 上海: 同济大学出版社, 2008: 11.

正统的、文明的建筑,而西式建筑则是"蛮夷"的、"野蛮"的建筑,或者被人们作为一种"猎奇"的事物。而"中西"建筑之间的"地位"转变,要从清末伴随战争带来的工业革命登陆中国说起。

自清朝实行闭关锁国政策以来,国力日渐式微,但仍处于对外贸易顺差的地位;为了牟取更多的暴利,英国开始向中国华南地区走私鸦片。清道光十八年(1838 年)十一月,林则徐前往广东禁烟,于虎门销毁鸦片两万余箱。英国方面出兵封锁珠江海口,鸦片战争由此爆发。中国军队节节败退,迫于压力,晚清政府与英国签订了中国近代史上第一个不平等条约——中英《江宁条约》(即中英《南京条约》)。

《南京条约》共十三款,清政府除了需向英方赔款银元 2100 万以外,也将香港岛割让给了英国,并开放了宁波、上海、广州、福州、厦门等几处通商口岸。《南京条约》的签署标志着中国充满屈辱和矛盾的近代史的开端,在接下来的几年中,中国又和法国、美国、日本等签订了诸多不平等条约,开埠城市逐渐增多。

开放通商口岸之后,西方列强进一步通过获得土地使用权来保障其在中国的权益。1848 年 11 月 29 日,上海道台宫慕久与英国领事乔治·巴富尔(George Balfour)共同公布的《上海土地章程》,可以看作是中国历史上第一份正式的租界划分协定。该章程明确规定英国可以在此租地建屋以便居留,并且享有居留地内的市政建设权和在外侨内部征收用于市政建设费用的权力,以及与租地建房有关的少量行政管理权。①这一章程意味着租界能够按照近代西方城市建设的模式发展。于是,新的建筑类型如外国领事馆、洋行、银行、商店、工厂、教堂、饭店(图 1-1)以及西式住宅等开始在中国大地上出现,西方的建筑技术和思想也随之传入中国。

图 1-1　南京扬子饭店

第一节　19 世纪早期的西方影响

　　中国近代建筑一般指近代时期（1840～1949 年）出现于中国大地上的新建筑。中国近代建筑史学家张复合先生认为，从特性方面考虑，中国近代建筑可分为四种类型：第一类"承续型"，既体现传统承续，又体现外来影响，但以体现传统承续为主；第二类"影响型"，基本体现外来影响，但有程度不等的传统承续表现；第三类"早发型"，是具有近代性的中国古代时期的建筑，兼具前两类的特性；第四类"后延型"，为古代时期的建筑在近代时期的重复，不体现中国近代建筑的特性。[①]在近百年的发展中，外来影响是促进中国传统建筑自我更新的主要因素。列强的入侵一方面使得古老的中国受到巨大的摧残，另一方面

① 张复合. 关于中国近代建筑之认识：写在中国近代建筑史研究国际合作 20 年之际 [J]. 134.

又作为一个新的契机，迫使中国开始近代化进程。建筑作为文化与科技相互作用的产物，也在快速发生着改变。

一、"租界"中的西式建筑

在 1840 年之前，中国的建筑营造主要是由工艺匠人来完成的。长期以来，中国独特的建筑文化与技术，也主要是在"师傅带徒弟"的过程中，一步步实践和传承下来的。鸦片战争之后，随着大量不平等条约的签署，清政府在割地、赔款中陆续开放了 24 处商埠，这些被迫开放的商埠，成了近代中国建筑革命的第一片真正意义上的试验田。

早期移民来华的外国人，很多来自东南亚一带，因此中国各地租界内均出现了大量"外观为'英国殖民地式'（外廊式）（图 1-2）或欧洲古典式风貌（'洋风式'）的建筑"[1]，租界内最早的西式建筑大多为二、三层的砖木结构，虽然外形与中国传统建筑相去甚远，但因为就地取材，供应能力有限，只有少部分是由专业建筑师设计的，大多数房屋则由中国工匠通过传统的建造技术"照猫画虎"，加以修改完成。它们虽然和西方本土的建设水平差之千里，但却构成了近代中国建筑转型的初始风貌。[2]

图 1-2　原南京汇文书院钟楼

① 伍江. 上海百年建筑史 1840-1949［M］. 11.
② 同上，23.

　　尽管在此之前，中国就已经出现了少量的西洋建筑，但从来没有撼动传统民族建筑的地位，即便是在租界内的外国人已经开始紧锣密鼓地开展建设之时，也并未赢得中国人的任何好感。如 1846 年当基督教伦敦会在上海麦家圈附近准备建造仁济医院时，其道契上言明"该处须造中国式房屋以免动人疑怪"①。在上述社会心态支配下，开埠初期的上海建筑面临的只是中国传统建筑与西式建筑相互对峙的局面。一方面，传统的中国建筑继续以传统的方式建造，丝毫没有因为西方势力的入侵而改变；另一方面，西方人也按照他们习惯的方式去建造自己的房屋，并未曾主动地迎合中国的传统②。这种情况还同时发生在天津、武汉等其他开埠城市之中。

　　西方建筑真正对中国人的生活产生影响，与工业文明所带来的劳动方式最优化、劳动分工精细化、劳动节奏同步化等基本原则是分不开的。通过租界的规划建设，国人亲眼看到了西方建筑业的高效率和先进性，感受到了现代工业文明在生活方式上的巨大优势。

　　建筑史学者赖德霖先生的《中国近代建筑史》一书中提到，西方人进驻之前的上海租界"大部分均早经开垦，余则卑湿之地、溪涧纵横，一至夏季，芦草丛生、田间丘墓累累，……自是数年内，四川路以西之地，人皆视若乡间。"③ 在 1845 年租界行政管理使用的《土地章程》中将修筑道路、建设市政设施、改造生活环境列为租界建设所面临的首要问题。这时的西方建筑业，已经有了将建筑与城市规划、环境营造结为一个系统去宏观布局的认识。

　　随着中国各地租界的逐渐繁荣，西方近代文明流布中国，对于中国建筑的批判也开始出现。最初，"华式房屋"和"西式房屋"的区分主要呈现在卫生、设备等技术层面。相对于"新式洋房"，中国建筑逐渐成为"旧式住房"："旧式住房"是落后的象征，而"新式洋房"代表了先进的技术和设备。如这一时期《时事新报》上的文章《国人乐住洋式楼房之新趋势》中如此描述"西式住房"："窗户之四辟，楼房之舒适，自来水盥洗盆、抽水马桶、浴盆等设备，均属应用便利，清洁而无污浊之存留，足使住房之人，易于养成卫生清洁之习惯。"因此，"此辈华人家庭，当其由旧式房屋迁至新式洋房之时，莫不欢悦相告，喜形于色，

① 胡祥翰. 上海小志 [M]. 上海：古籍出版社，1989：1.
② 伍江. 上海百年建筑史 1840-1949 [M]. 21.
③ 卜舫济著. 上海租界略史 1931. 岑德彰译. （Pott，F. L. Hawks. A Short History of Shanghai. Shangha：Kelly & Walsh Umited. 1928）

此后除非遇绝大变故，或家况惨落外，决不愿再迁入旧式住房，殆无疑义。"① "华洋分居"的局面终于被打破，中国人对西方文明的向往逐步取代了昔日的排斥。

二、"中体西用"与清政府的营建

19世纪中叶，经过两次鸦片战争和太平天国运动的沉重打击，内忧外患使得清政府倍感危机。作为此时的一股强大势力，以曾国藩、左宗棠、李鸿章等为代表的洋务派开始认识到要将西方人的先进科技为我所用，于是提出"师夷长技以制夷"的口号。洋务派取《易经》中"天行健，君子当自强不息"，以"自强"为己任，开展了轰轰烈烈的洋务运动，也称自强运动。

洋务派认为，中国在与西方抗争中处于劣势的原因主要在于实业水平上的巨大差距。国人应当自省并努力向对方学习，加强实业建树，提高自己以应对侵略。洋务派随即效仿西方模式，开展了大量生产制造业的建设，创办了一批近代军事工业，还兴办新式学校并派遣留学生出国深造。后期，洋务派开始兴办民用工业，并以"求富"为新的口号。②

历史学家陈旭麓（1918～1988年）先生曾评价清末洋务运动是一场"东一块西一块的进步""零零碎碎缺少整体规划"③，从中不难看出中国社会的近代化是在不断试错中摸索向前的。但值得注意的是，从洋务运动开始，近代中国社会发展始终有一条线索贯穿其中，即"中学为体，西学为用"的观念与方法论。

"体""用"之说可追溯到宋代新儒家提出的"实"与"用"的关系，"体"是指事物的根本、实质，而"用"则是指具体的功能，或者表现方式。

在向西方学习的过程中，洋务运动也曾遭到来自清政府内部保守派的强烈反对，"中学为体、西学为用"成了调和"中西"矛盾、推动"西学"进一步执行的基本原则。清代洋务派代表张之洞曾经在《劝学篇》中对这种思想做出了详细的诠释。"'中学为体'，是强调以中国的纲常名教作为决定国家社会命运的根本；'西学为用'，是主张采用西方资本

① 王颖. 探求一种"中国式样"：近代中国建筑中民族风格的思维定势与设计实践（1900-1937）[D].
② 王宏志. 中国历史（第三册）[M]. 北京：人民教育出版社，1988：61.
③ 刘亦师. 中国近代建筑的特征 [J]. 建筑历史与理论，2012（6）：79.

主义国家的近代科学技术，效仿西方国家在教育、赋税、武备、律例等方面的一些具体措施。"①之所以要奉行这一原则，是因为"我们希望中国强大并保留中国的学问，我们必须学习西方的学问。但是如果不用中国的学问来首先巩固我们的根据，并不断提醒自己最终的目的是什么，那么，即便强壮了，我们也将面对难以应付的局面，而这样的局面必将使我们成为别人的奴隶。"②

洋务运动中提出的"中体西用"，是强调国家的进步和发展首先应建立在以中国传统制度及思想为根本的基础上，进而寻求与西方实业文明相结合的发展；而西方的先进技术及文化，应该被兼容并蓄地吸纳进中国的政治系统之中。在中西文化之间究竟应该相互抵制还是努力融合的问题上，洋务派认为，这一套仍以中国传统体制为根本的认识方法，有助于更多的有识之士受到激励而投身于此。于是，这一思想很快辐射至社会各行业，成为应对西方影响、处理"中西"矛盾的参考依据。

在向西方人学习先进技术的过程中，清政府为实业、建造业发展，修建了一批以金陵机器局（1865 年）、金陵船厂（1866 年）、江南铸造银元制钱总局（1897 年）为代表的工业建筑。这些建筑主要由清政府招募的西方匠人负责建造，多为西洋风格，人字形屋顶，三角桁架。1874 年在金陵通济门外建立火药局时，李鸿章就曾派马格里去欧洲购置设备、招募洋匠，并表明"雇佣洋匠，进退由我，不令领事、税务司各洋官经手，以免把持"③。另外还有一类清末新政时期建造的公共建筑，如江南水师学堂（1890 年，图 1-3）、南洋劝业会场（1910 年）、江苏邮政管理局（1918 年）、下关火车站（1905 年）等，它们主要采用钢筋混凝土结构，以新古典主义风格为主。从这一时期清政府的营建中可以看出，选择什么样的建筑类型，是由其功用决定的，"西式"功用自然选择"西式"风格。

在这一阶段，中国士人阶层对于时代矛盾的认知还仅仅停留在"中与西"的二元层面，以"体""用"来对世间万物进行解读，实际上表达了"天不变，道义不变"的固有式思维。这种思想在世界各个国家陆续进入工业文明的新质阶段之时，显然是落后和狭隘的。

①（美）彼得·罗，关晟．传承与交融：探讨中国近现代建筑的本质与形式［M］．北京：中国建筑工业出版社，2004：8.
②同上．
③王崴，叶南客．南京对外文化交流简史［M］．北京：五洲传播出版社，2011：90-92.

**图 1-3　江南水师
学堂旧址大门**

　　洋务运动将实业、技术与制度、思想区别对待的方法论，在日后的
甲午海战等事件中，逐渐暴露出弊端。至此，尽管已经开始寻求自身的改
变，以应对西方文明的侵入，但中国社会还没有找到有效的改革方法。

　　在认识到洋务运动的局限性后，国人开始就"体""用"的讨论向着
更深层面进行探索。1895 年 7 月，中日《马关条约》的签订使得中国民
族危机空前严重，以康有为、梁启超为代表的部分维新派人士，发起了
以寻求政治体制更深层改革为目的的"公车上书"。清光绪帝采纳康梁
二人的意见，同意实行变法，并颁布了近 200 条法令、条例，史称"戊
戌变法"。戊戌变法仅维持了 103 天，最终以失败告终。洋务运动与戊
戌变法在处理中西矛盾上有着一定的共性，即同样坚守中国传统的思想
与价值观体系。它们虽然鼓励向西方学习，但坚决地反对"西化"，将
中西文化看作是对立的、非此即彼的关系。相较洋务运动简单地将政治
制度视作"体"，西来的物质文明视为"用"，维新派将改革的目光伸
向了在中国社会已经实行上千年的古老制度，认为政府机制必须改革才
能救国救民。中国需要向西方学习的不仅仅是实业，更是涉及教育、经
济、政治等多方面的模式的变革。

　　康有为以倡导世界"大同"的观点而闻名。在 1898 年出版的《大
同书》中，他将中国历史的发展分为三个时期，即混沌时期、秩序时

期，以及尚未到来的第三个时期。康有为认为，人类进步遵循一个固定的过程，从部落到宗族乃至国家，国家的出现为大一统的实现创造了可能。他认为理想化的状态，即国家和种族差别最终消失，世界各处的风俗习惯趋于相同。①从中可以看出，他已经认识到这一时期的矛盾并非是简单的中西两种文明之间的矛盾，而是世界任何国家都必须面对和经历的从传统到现代的自我更新。

在建筑方面，清末新政的改革仍给中国带来了显著变化，赖德霖从六个方面对此进行了总结：一、对以北京城为代表的传统城市的市政设施进行了近代化改造；二、建造了大量不同功能和造型类型的近代建筑；三、通过全面学习日本，从日本引进了建筑的名词、近代建筑科学和许多建筑人才；四、建筑学科在中国近代大学教程中得到确立；五、出版了以数学、力学、材料学等现代科学为设计基础的建筑学著作；六、砖木结构体系的建筑在设计和施工上摆脱传统方式而近代化。②

围绕着与"中体西用"有关的建筑探索，始终不能回避与民族国家相关的基本立场。中西建筑的比较与取舍是近代中国建筑师们面临的一个首要问题，如何平衡和协调中西方建筑文化资源的配合使用，是关乎整个民族尊严与政治立场的大事。

三、"中国风格"与基督教的率先尝试

"中国风"是17世纪法语中出现的新词，词根是"Chine（中国）"，最初用来指称来自中国的商品。后来这个词被欧洲各国采用，成为一个国际性的词汇，其含义也随之扩大，除了指称来自中国的新奇物品外，还用来指称受中国艺术品影响的欧洲艺术风格和体现中国情趣的各类活动。③"中国建筑"在此时，同中国生产的其他工艺品一道开始为欧洲各国所认识。

西方对于中国建筑的认识，最初是通过来华传教士和使团的描述而形成的。1615年，《利玛窦中国札记》出版，其中多处谈到中国的城市、建筑及园林。比如有关于南京城的描述及分析："它为三重城墙所环绕。其中第一重和最里面的一重，也是最华丽的，包括皇宫。宫殿依次又由

① 参考：康有为. 大同书［M］. 上海：上海古籍出版社，2019.
② 赖德霖. 中国近代建筑史［M］. 北京：中国建筑工业出版社，2007：85.
③ 王颖. 探求一种"中国式样"：近代中国建筑中民族风格的思维定势与设计实践（1900-1937）［D］. 16

三层拱门墙所围绕，四周是壕堑，其中灌满流水。这座宫墙长约四五意大利里。至于整个建筑，且不说它的个别特征，或许世上还没有一个国王能有超过它的宫殿。第二重墙包围着包括皇宫在内的内墙，囊括了该城的大部分重要区域。它有 12 座门，门包以铁皮，门内有大炮守卫。这重高墙四围差不多有 18 意大利里。第三重和最外层的墙是不连续的。有些被认为是危险的地点，它们很科学地利用了天然防御。"[①]

清代初期，基督教在中国的传播一度中断，直到《南京条约》签订之后，西方国家在开埠城市建立租界，同时有建设教堂的自由，基督教传播在中国复苏（图 1-4、图 1-5）。随着晚清政府为西方传教活动继续提供更为开放的政策，基督教活动逐渐升温。

西方传教士来到中国后，首先是收复原有的基督教建筑物，但并不十分顺利。以南京为例，"1856 年 2 月 12 日，总理衙门批准法使 M. Berthemy 之请愿，教士得于内地置买田产房屋。有此准许，于是在 1864 年，P. Adrien de Carrere 司铎乘法舰布尔台号，至南京催议归还旧有教堂公所；而各官吏咸受李鸿章之暗示，多方为难。"[②]后随着教会建筑物的增多，1895 年起南京基督教堂建筑物被统计成册，每年四次定期上报朝廷。1909 年，南京地区一共有 21 处中式教堂，在这 21 处中式教堂中，部分为直接利用现有建筑改造；另外一部分新建造的中式教堂，是南京的传教士为了安全起见所做出的选择（近代早期南京地区排教情绪严重，甚至险些酿成教案）。

为了博得中国人民的好感和认同，更顺利地输出基督教文化，西方教会在修建学校、教堂等建筑的时候开始有意识地仿造中国传统式外形（见图 1-4、图 1-5）。随后一些中国匠人或出于甲方要求，或出于习惯，也开始在西式建筑中加入一些传统符号。这些早期的中西混合式建筑大多由非专业人士建造，形式来源多种多样，常带有浓烈的地方特色，没有固定的建造法式和造型规律，可被看作是东拼西凑的个例。它们的出现，是文化外交的需要，而并非源于某种建筑风格的有意探索。

① 王颖. 探求一种"中国式样"：近代中国建筑中民族风格的思维定势与设计实践（1900-1937）[D]. 16
② 季秋. 中国早期现代建筑师群体：职业建筑师的出现和现代性的表现（1842-1949）——以南京为例 [D]. 东南大学，2007：40.

图 1-4　贵阳北天主教堂

图 1-5　上海怀施堂

第二节　现代建筑学的传入

公元前 1 世纪罗马建筑师维特鲁威在其著作《建筑十书》中，首次将"坚固、实用、美观"作为建筑成立的基本原则，这为欧洲建筑学奠定了理论基础；在古代中国，兼具"天有时，地有气，材有美，工有巧"四者是建筑"可以为良"的评判标准。建筑设计的复杂性在于它必须兼顾艺术与科学两个领域，而这背后更离不开文化、政治、经济等各方因素的考量。近代以来，西方建筑科学随着西学东渐的深入，对中国建筑体系的改革发挥了巨大作用。现代建筑制度的确立使得中国建筑师群体应运而生，并开始了他们的职业化历程。作为新兴职业群体的建筑师登上了历史舞台，他们吸收、借鉴国外经验，奠定了执业建筑师制度和中国近代建筑教育的基础，探索出了一条吸取、传承和转换的建筑创作和建筑教育的道路[①]，对中国社会的发展产生了独特的影响。

一、专业建筑师的兴起

19 世纪中期，现代意义上"建筑师"的出现，拉开了中西方建筑行业的差距。在古代中国，从事建造工作的人被归为"匠人"，道器观念导致这一类人群无论拥有多么高超的技艺，留下多么伟大的成就也无法进入士大夫阶级。建筑匠人不仅要负责建筑的设计，也要参与施工营建。"低下"的社会地位导致传统的建筑事业长期以来得不到重视，在西方建筑业已经实行机器化，社会分工越来越细化，建筑设计师已经成为绅士阶层的知识分子之时，中国的建造技艺传承仍然依靠"师傅带徒弟"的模式进行。如孙中山所说"夫人类能造屋宇以安居，不知几何时代，而后始有建筑之学。中国则至今未有其学，故中国之屋宇多不本于建筑学以造成，是行而不知者也。"[②]

随着国门打开，西方近代建筑业逐渐进入了中国的几个通商口岸城市，西方建筑体系对中国产生了前所未有的巨大影响，在传统营造行业中引发了一场深刻的变革，引领整个行业向现代建筑体系的转变，也催

① 杨秉德．中国近代中西建筑文化交融史[M]．武汉：湖北教育出版社，2003：16.
② 路中康．民国建筑师群体研究[D]．华中师范大学博士学位论文，2009：26.

生了建筑师这一新型的职业类别。

近代中国建筑业与传统营造业相比有着本质上的不同。传统营造业大多围绕中国长期传承的木构建筑体系和技术进行，这类建筑样式比较单一，功能也很简单，是因应传统中国人生活起居方式而建造的。近代中国的对外开放使得西方的生活方式进入了中国，也使适应这种生活方式的建筑一同传入进来。运用了现代设计手法和技术设备的房屋，无论功能、样式、便利程度还是舒适程度等方面都远远超过了中国传统建筑，因而逐渐受到中国开明人士的广泛欢迎。

近代建筑中新颖复杂的功能要求和科学技术含量，使得中国匠人传承体系无法产生出相应人才，因此，中国近代早期的高端建筑市场长期把持在西方建筑师手中。这种现象直到 20 世纪初中国派往西方国家学习建筑专业的大量留学生学成回国之后才有所改变。

1908 年，美国将在义和团运动中所得"庚子赔款"的半数退还给中国，两国就"庚子赔款"退款之用途达成共识，共同建立了"庚款奖学金"以资助、鼓励年轻的中国学子赴美留学。此举很大程度上促进了现代科学在中国的进步，毕竟"没有任何方式能比培养一批学生那样具有更直接的效果。这些人在几十年后必将对中国政府、教育、金融以及工业诸方面产生强有力的影响（西奥多·罗斯福，1858-1919 年）"。

在美国之后，其他国家也分别拟订了资助中国学生出国留学的政策，但鉴于美国的教育计划更加优厚，它最终成为中国留学生选择的首要目的地。中美两国政府草拟了派遣留美学生规程，规定被派遣的学生，必须是"身体强壮，性情纯正，相貌完全，身家清白，恰当年龄"，中文程度须能作文及有文学和历史知识，英文程度能直接入美国大学和专门学校听讲，并规定他们之中，应有 80% 学农业、机械工程、矿业、物理、化学、铁路工程、银行等，其余 20% 学法律、政治、财经、师范等。从以上分配可以看出，学习先进的自然科学比起人文类专业，在当时看来是更有必要、更加紧要的选择。

在围绕实业建设开展的相关学科中，建筑学成了留学生选择的较为热门的专业之一。1938 年之前中国有留学生 50 人赴海外学习建筑学，其中赴美 37 人，以就读美国宾夕法尼亚大学（以下简称宾大）的人数

图 1-6　中国留学生在宾夕法尼亚大学

最多，梁思成、杨廷宝、童寯、范文照、陈植、朱彬等均毕业于此校（图 1-6）。这些人之中的大部分学成归国后，依靠扎实的基础和掌握的科学的建筑设计方法，逐渐形成了一股强大的设计师力量，很快从一言独大的在华西方建筑师那里分得了中国建筑设计的话语权，并且成为中国近代建筑教育、建筑设计和建筑史学的奠基人和主要骨干，为中国建立院校建筑教育体制和系统地培养职业建筑师奠定了基础。

二、巴黎美术学院教育体系

近代时期西方各国的建筑教育大致分两类：以美、法两国为代表的偏重艺术的建筑教育，以德、英等国为代表的偏重技术的工程教育。宾大的建筑教育属于前者，主要按照巴黎美术学院体系从事教学。

巴黎美术学院体系，也称布扎体系（Beaux-Arts），它是在 17 世纪文艺复兴末期的复古思潮影响下而形成的，其教育模式摈弃了传统的学徒训练，提供了与具体实践相结合的对职业建筑师的培养和训练。

文艺复兴时期，绘画、雕塑、建筑往往建立在同一个体系下，艺术家如米开朗基罗、达·芬奇等既能够从事艺术创作，同样可以推动建筑设计的发展。受此影响，布扎体系下的建筑学人才培养，以美术教育为基础，专业的美术素质被看作是一名建筑师的必备修养，再加上"文艺复兴"的主体思想是对古希腊罗马艺术的复兴，学习古典建筑，建立对古典艺术的认知，熟练掌握古典主义建筑的设计手法，便成为巴黎美术学院学派教育的核心。

在整个 19 世纪末期，美国学生在巴黎美术学院始终占据着相当的数量。这些学生毕业后回到美国，成为开拓美国近现代建筑教育的主要力量。1902 年，建筑教育家和建筑师克瑞（Paul Philippe Cret，1876~1945 年）受邀加盟了位于费城的宾夕法尼亚大学建筑学院，他在该校积极实践布扎体系中的建筑教育理念，使其迅速赶超康奈尔、哥伦比亚等大学，成为全美建筑领域最为知名的一所高校。

巴黎美术学院体系的两个关键，一是要求学生熟练掌握西方古典建筑的基础，如柱式、山花等，一是强调古典主义建筑构图方法的重要性。参加建筑设计竞赛在巴黎美术学院教育体系中是学生获得学分的重要途径。竞赛的内容分为草图设计和设计渲染两阶段，其中渲染的最终效果直接决定了参赛选手的名次。当时的《建筑评论》杂志编辑达里曾指出"设计图的视觉效果对竞赛的评判产生了巨大影响"。学生们将更多的精力花费在渲染图最终的视觉效果上，每一个人都希望依靠精美的二维图像来打动评委，而建筑落成之后的实物考察并没有得到相应的重视，这不免失去了建筑竞赛的初衷。现代主义建筑师勒·柯布西耶就曾批评竞赛作品的本末倒置。由于竞赛制度对于效果图艺术表现的偏重，巴黎美术学院的教育体系作为一种设计方法，最终退化成为只重视平、立、剖面图阅读的装饰性手法，但是，它的教学组织和设计策略仍然有借鉴的价值。

三、美术建筑的提倡

中国古代的教育以经学为主，"建筑"属于"考工"，被列为政书类，即礼制典籍的范围。甲午战争（1894~1895 年）之后，实业救国论越发风行。随着 20 世纪初积极发展民族工业，工学教育开始进入中国。由张百熙在 1902 年 7 月参考日本的学制而草拟的《钦定京师大学堂章程》将"工科大学分九门"[①]，其中土木工学位列第一，建筑学首次出现，位列第六。《京师大学堂章程》关于建筑学科的课程设计主要分为两大部分，其中以测量、地质学、材料、施工等技术课程为主要学习内容，而美学、装饰画、配景法与装饰法等则为补充主要课程的次要知识。[②]

1859 年，英国皇家建筑学会的创始人多那德孙（T. L. Donaldson）完成了其重要的著作《设计技术手册》（*Handbook of Specifications*）。在书里，他将建筑学科分为作为科学的建筑（Architecture as a Science）和作为美术的建筑（Architecture as a Fine art），这对欧洲乃至整个世界具有非常重要的意义。在牛津大词典中，对于"architecture"的定义明确了建筑的科学性与美术性，甚至建筑也被当作纯粹的美术。约翰·拉金斯（John Ruskin，1819~1900 年）是坚定的建筑美术的推崇者，他曾强调建筑具有超越一般用途的种种功能，特别是艺术性，这是建筑（architecture）与建造物（building）的区别。

中国古代将建设事项分归于工部管理，因此作为工学的建筑，中国人是容易理解和接受的，在建筑学的教育之前，中国也曾在工学体系下开展图案科和木工科，但"图案科"仅仅被看作是"设计"工艺产品的相关需要。吴梦非在《图案讲话》中谈到：

"我国向来只有模样、花纹这种名词，并没有图案的名称；近年来这个名词由东洋人翻译西文（Design）传入我国……总括说一句话：凡是我们衣食住行所实用的器具之类，用一种意匠，把他的形状、模样、色彩三个条件，表明到表面上的方法，叫做图案。"[③]这里"图案"是局限在"工学""西用"的层面上的一种技术手段，建筑的美术属性，即通过表现美、传播美体现某种精神的属性，还未被充分认识。

中国关于"美术"的认识形成于清末，蔡元培是中国美术教育的主要推动者。

1912 年，蔡元培被任命为中华民国第一任教育总长，"美感教育"成为他提出的"五育"教育方针之一。1917 年 8 月，他在《新青年》杂志上发表了"以美育代宗教说"一文，在谈论宗教和美感的时候，他

① 徐苏斌. 近代中国建筑学的诞生 [M]. 天津：天津大学出版社，2010：53.
② 同上，54.
③ 同上，57.

也提到了宗教建筑：

"凡宗教之建筑，多择山水最胜之处，吾国人所谓天下名山僧占多，即其例也。其间恒有古木名花，传播于诗人之笔，是皆利用自然之美，以感人者。其建筑也，恒有俊秀之塔。崇阆幽邃之殿堂。饰以精致之造象，瑰丽之壁画。构成黯淡之光线。佐以微妙之音乐。赞美图者必有著名之歌词。演说者必有雄辩之素养。凡此种种，皆为美术作用，故能引人入胜。……然而美术之进化史，实亦有脱离宗教之趋势。例如吾国南北朝著名之建筑，则伽蓝耳。其雕刻，则造象耳。图画，则佛像及地狱变相之属为多。……欧洲中古时代留遗之建筑，其最著者率为教堂。……及文艺复兴以后，各种美术，渐离宗教而尚人文。至于今日，宏丽之建筑，多为学校、剧院、博物院。亦多取资于自然现象及社会状态。"①

在文中，蔡元培认为中国数千年的建筑遗产蕴含着诸多美的要素，建筑是美术的一部分，应摆脱儒学禁锢，充分发扬它美的一面。

鲁迅在任教育部社会教育司第一科科长时，于1913年2月发表了《拟播布美术意见书》一文，其中明确提出"美术"包括"雕塑、绘画、文章、建筑、音乐"，建筑被纳入美术的范畴。20世纪20年代以后，有关建筑的科学与美学的讨论更是频繁出现于中国媒体。

许多近代著名建筑师留学时选择建筑专业也都与他们本人喜好美术有关。如吕彦直"艺术天才至高也……入美国康奈尔大学，初习电学，以性不相近，改习建筑"。此外，朱彬在清华学校学习时曾担任《清华年报》图画编辑，1915年还以智育"绘造图样"获清华学校金牌一面；方来曾在1915年以智育"画图"获名誉奖；而梁思成、杨廷宝等在出国前的良好美术基础更早已为中国建筑界所熟知。近代建筑史学家阮昕甚至认为，学院派建筑学训练中的水墨渲染、画室制度的师徒关系与中国传统书法和绘画的学习极为相似，这使得中国人在学习西方的建筑学时感到更多的是文化的相似性而不是差异性。②

宾大重视美术素质培养的教育理念，对前去留学的中国建筑师来说非常受用，他们中的很多人在求学期间获得了优异的成绩，在各式建筑竞赛中常常名列前茅。在这里，中国留学生学会了从历史建筑的风格语

① 蔡元培. 以美育代宗教说. 新青年（第3卷第6号），1917（8）：510-511.
② 赖德霖. 中国近代建筑史［M］. 135.

言、构图形式中掌握建筑在比例尺度、节奏韵律等方面特有的设计方法。对古典艺术的欣赏和鉴别能力帮助他们形成了一套完整的建筑评价标准，正是这些扎实的专业素质影响了日后他们在回国进行设计实践时的关于民族形式建筑的探索。

第三节　民族国家的建构需要

中国近代的现代化过程是被动应对西方现代化挑战的过程，同时中国的现代化在本土文化积累上进行，不是一个单向过程，传统因素与现代因素相辅相成，是外部冲击与内部回应相结合的过程。民族性与现代性的矛盾是现代化进程中的众多矛盾中的突出矛盾。

一、民族主义的线索

中国近代社会思想的真正转变，恐怕要从"民族"在中国大地上生根开始算起。1901年，梁启超发表《中国史叙论》一文，首次提出"中国民族"的概念，并将中国民族的演变历史划分为三个时代："第一，上世史，自黄帝以迄秦之一统，是为中国之中国，即中国民族自发达、自竞争、自团结之时代也；第二，中世史，自秦统一后至清代乾隆之末年，是为亚洲之中国，即中国民族与亚洲各民族交涉、繁赜、竞争最激烈之时代也；第三，近世史，自乾隆末年以至于今日，是为世界之中国，即中国民族合同全亚洲民族与西人交涉、竞争之时代也。"在"中国民族"的基础上，1902年他又提出了"中华民族"的概念。他在《论中国学术思想变迁之大势》一文中，先对"中华"一词的内涵做了说明："立于五洲中之最大洲而为其洲中之最大国者，谁乎？我中华也。人口之居全地球三分之一者，谁乎？我中华也。四千余年之历史未尝一中断者，谁乎？我中华也。"接着，梁启超在论述战国时期齐国的学术思想地位时，正式使用了"中华民族"一词："齐，海国也。上古时代，我中华民族之有海权思想者，厥惟齐。故于其间产出两种观念焉，一曰国家观，二曰世界观。"①

1903年在《新民论》中梁启超又提出"民族主义"这一概念。此时"中国即天下的观念"开始逐渐扭转，国人开始认识到中国仅仅是世界众多国家中的一个。梁启超对民族主义的解释如下："民族主义者何？同宗教，同习俗之人，相视如同胞，务独立自治，组织完备之政府，以谋公益而御他族是也。"这也是中国人首次给民族主义下的比较科学的定义。②

伴随着华夷天下的崩溃以及西方现代"民族国家"观念的输入，中国近代社会迎来了思想上的真正转变。

19世纪末至20世纪上半叶，面对"事事不如人"的国家现状，文化成了民族主义的最后一块阵地。以民族主义文化作为旗帜而实现了统一和富强的德意两国的经验，大大鼓舞了当时的知识分子。③1919年，中国爆发了著名的"五四运动"，开展了对民族传统的批判。知识分子一方面反抗腐朽的传统文化给中国带来的巨大危机，一方面又在是否该全盘西化的问题上迟疑，最后，努力建设一个文化独立的民族主义国家成了整个社会的共识。民族主义从此成为推动中国发展的主要思潮，争取中华民族富强独立成为一系列民族主义运动的终极目标。

对于中西关系的讨论，从最初简单地按照"中体西用"的逻辑生硬嫁接，发展到民族主义影响下的这一阶段，已经进化成了"传统"与"科学"并驾齐驱，共同推动新时代中国的发展。但这场讨论的进步，仍然未能超越二元论的思维模式。

二、建筑的时代使命

人类的建筑活动自古以来就与国家发展有着紧密的关系，梁思成先生曾说："建筑之规模、形体、工程、艺术之嬗递演变，乃其民族特殊文化兴衰潮汐之映影；一国一族之建筑适反鉴其物质精神，继往开来之面貌。今日之治古史者，常赖其建筑之遗迹或记载以测其文化，其故因此。该建筑活动与民族文化之动向实相牵连，互为因果者也。"④

① 王颖. 探求一种"中国式样"：近代中国建筑中民族风格的思维定势与设计实践（1900-1937）[D].
② 沈文泰. 近代中国民族主义思想的产生及其思想研究[J]. 神州，2013（6）：49-50.
③ 刘亦师. 从近代民族主义思潮解读民族形式建筑[J]. 华中建筑，2006（1）：5-8.
④ 梁思成. 中国建筑史[M]. 北京：百花文艺出版社，1998：12.

每一个社会都有属于自己的价值观。作为文化的表现，不同时代的建筑都有自己不同的建筑价值观。"埃及及罗马诸邦，号称世界文明古国，即以数千年前之建筑艺术为证据""嬴秦雄略，被昭于长城；天汉鸿业，彰彰于武氏祠；唐代昌隆，著于西安之昭陵崇陵乾陵及无数之碑碣；观苏杭巨刹，想见南宋文化之灿烂；观居庸关，想见元时拓土，观北京之宫城，想见明代帝王之尊严与气宇之宽洪"①。

20世纪20年代中期之后，中国人对新建筑的价值取向又增加了一个内容：民族性。如人们所说：

"建筑是科学与艺术的结合，也是文化的代表作。"

"建筑是时代、环境和民族性的结晶，……我们看到历史上各种民族所遗留下来的住宅、王宫、庙堂以及城垒等等，无处不表现其固有的精神，这种遗留下来的建筑，永远为各种民族的盛衰，思想之变迁，以及文化的改良等等，作一个有力的铁证。"

在这些中国人对建筑的认识中，体现着这样一种逻辑，即：因为建筑是科学与艺术的结合，是文化的表现，所以它也就代表着一个民族，也就能反映一个民族的盛衰。当民族主义成为一个国家救亡图存的重要手段，建筑作为反映人类时代背景的最具代表性的产物之一，也被赋予了宣传民族不朽的重要任务。②

19世纪末20世纪初，有一种普遍的文化现象在世界范围内出现。作为对殖民主义和帝国主义外来侵略者所传递出的"种族、文化、阶级"等优越感的回应，各国在开展民族主义运动时都十分重视对传统文化的弘扬。在这一过程中，为捍卫本民族的世界地位，强化民族认同感，推进新民族国家的建立与稳定，许多国家开始大力建造属于本国的"民族形式"建筑。

建筑之所以是一门艺术，就是因为它具有通过塑造形象、营造氛围来反映现实、寄托情感的文化属性。出于对抗文化输入的需要，新兴的政权大多会本能地通过发掘本土的文化遗产建立起一套可以辐射至各行业、领域的符号系统，并为此系统赋予新的时代意义。利用这套文化系统，可以快速传递本国与其他国家的文化差异，以确保本民族在世界上的独立性，并借此推动与其他国家达成平等。在建筑领域，公共建筑往

① 赖德霖. 中国近代建筑史研究［M］. 190.
②（日）伊东忠太. 博士演讲［R］. 中国营造学社汇刊·第1卷第2期，1930：12.

往会从过去的建筑遗产里挖掘代表性强的、突出的形象来确立合法性与信心。同时，也为了显示其并非一味"复古"，一般只是在外观形态上向传统靠近，在空间、材料、结构、设备、设计方式及生产方式方面则极力提倡"科学"、提倡"现代化"。

在建筑研究领域还有一个常见的现象就是各国建筑界纷纷加强了对本国建筑历史的梳理、编撰，以及对建筑遗迹的考古。这也许是受到了在19世纪占有绝对地位的新古典主义建筑风格的影响，欧洲国家在向希腊罗马学习的过程中，推动了历史风格建筑的大规模流行，成就了新的艺术高度，其他国家有鉴于此，也希望通过回望传统，将自己民族的建筑风格赋予新的生命，并让其在世界建筑史上留下应有的地位。研究人员通过调查本国遗留下来的传统建筑、民居等，把当时属于空白的各国建筑按时代顺序加进"建筑史"中。于是，建筑的"传统"通过田野调查及对文献的整理逐渐具象化，并根据时代的需要得到筛选、提炼。按照符合新时代需要的原则去创作、设计"传统"，"民族形式建筑"也就诞生了。研究工作与具体实践相结合，传统建筑的"当代性"在讨论中逐步明确，肩负历史重任的"民族形式"一方面越来越纯正，越来越接近它本来的历史形态，一方面又在与"当下"的磨合中实现着不断的创新。在中国，如火如荼的建筑事业也像大多数被"民族主义"影响的国家一样，围绕着新时代的"民族风格"不断地探索、修正和试图走出不同的创新之路。这种现象不是为了复古，而是为了实现民族复兴。

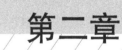

2

第二章

探寻属于中国的
"民族形式"建筑

自洋务运动宣扬"中体西用"思想开始，近代中国一直有一种理想主义，他们既认同西方建筑的审美与价值观，又不愿丢弃中国建筑的传统，于是，创造一种能够平衡两种文化，发挥东西建筑文明之长的新建筑成了他们的唯一希望。回顾中国近现代建筑史，有一种建筑现象贯彻始终，那就是对中国建筑民族形式的追求。

1931年2月，"上海市建筑协会成立大会宣言"写道："赓续东方建筑技术之余荫，以新的学理，参融于旧有建筑方法，以西洋物质文明，发扬我国固有文艺之真精神，以创造适应时代要求之建筑形式。"[①]主张用西方先进建筑科技手段，塑造出具有"中国特色"的建筑形式的思潮在近代一直以顽强的生命力存在着，其基本理论依据是一致的，即建筑艺术关乎国家、民族的文化精神，建筑形式是这种精神的外在表现，中国建筑的形式必须表征自己的民族文化精神。

这一理想让几代中国建筑师为之魂牵梦萦、呕心沥血，近代的第一批中国建筑师更是责无旁贷地担负起探索中国建筑民族形式的重任。

第一节 民族形式建筑的特征

近代时期的中国主要存在四种建筑类型：第一种是属于传统木结构体系的官式建筑及民居；第二种是随着开埠传入的、纯粹的西方新古典主义建筑；第三种是随着西方现代主义思潮兴起而出现的国际式建筑；第四种，则是以中山陵、原国立中央博物院等为代表的近代民族形式建筑，它们遵循和采纳了西方建筑的原理和方法，在外形样式上运用了大量的中国传统语言，是近代中国出现的一种特有的建筑类型（图2-1～图2-5）。以上四种类型，组成了广义上的中国近代建筑，其中前三种类型，主要受到当时的社会现状左右，并未持续地发展或形成中国化的独立风格，故本书中不予讨论。

① 赖德霖. 中国近代建筑史研究［M］. 191.

图 2-1　原南京招
商局

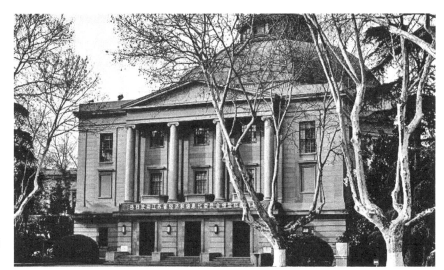

图 2-2　原国立中
央大学大礼堂

图 2-3　原国民政
府考试院内武庙
大殿

图 2-4　原中央体育
场田径场

图 2-5　中山陵祭堂

中国近代建筑史学者刘亦师曾将中国近代建筑的特征归结为异质性、多样性、全球关联性、建筑样式的政策指向性及连续性等。这些特征能够充分说明近代中西建筑文化碰撞过程中所面对的复杂状况，在这一场东方与西方、传统与现代的文化冲突中，近代中国逐渐建立了一套全新的，既区别于传统又非照搬西方的建筑体系，被称为近代"民族形式"建筑。

古代中国人从来没有对自己的建筑形式提出过疑问，从没有民族形式和非民族形式的问题[①]。"民族形式"这一概念，是近代中国在受到了西方文化的强烈冲击之时，意识到世界的多元性，在民族精神觉醒之后，对建筑发展的全新的认识和要求。

五四运动造成了对整个中国知识界的大震撼。中国近代建筑师也深受震撼，进而影响到他们原有的建筑观，"民主""科学""进化"等启蒙观念成为他们衡量建筑的价值标准之一，并开始认识到建筑的社会责任，希望以建筑来帮助社会进步。例如，柳士英在1924年一次公开谈话中说到希望通过"艺术运动，生活改良"，即通过"一国之国民性"的提升，来达到改造中国建筑的目的。吕彦直在1928年的"规划首都市区图案大纲草案"的遗稿中，虽不像柳士英那样全面否定传统，而是倡导"中国特有之建筑式"，但从"一人之享受的宫殿"到"公共建筑"，从"以艺术思想设图案，用科学原理行构造"都不难看出"民主""科学"的影响。建筑师们逐渐意识到，一座拥有中国传统符号的近代建筑，可能会给这个古老的国家和这里的人民带来希望与坚强的斗志，设计一座能够代表中华民族精神的建筑，成了他们职业生涯努力的目标。

"民族形式"最早出现在梁思成先生1944年完成的《中国建筑史》一书中。在该书的最后一章中，梁先生指出："故中山陵墓虽西式成分较重，然实为近代国人设计以古式式样应用于新建筑之嚆矢，适足以象征我民族复兴之始也。"[②]杨秉德教授在其《中国近代中西建筑交融史》一书中将以中山陵、金陵女子大学等建筑为代表的接受西方近代建筑技术、近代建筑功能的同时，力求继承中国建筑艺术优良传统的建筑称为"中国民族形式建筑"。赖德霖教授在其《中国近代建筑史·民族国家》中也以"民族形式"来命名近代西方建筑师对中国风格的尝试。

① 王世仁.中国近代建筑的民族形式 [J].古建园林技术，1987（1）：43.
② 梁思成.中国建筑史 [M].上海：三联书店，2011.

从"民族形式"建筑最终呈现的外形样式来看，大屋顶、吻兽、斗栱、彩绘这些中国古典建筑的标志性符号成了表现"中式特征"最为常见的语言。这些语言虽然明显借鉴自传统木结构建筑，但根据建筑材料、技术、功能的变化，传统元素的比例、位置、造型、构成等方面也都有了一定的改动。建筑的整体风格有着明显的折中主义倾向。

第二节 折中主义下的适应性建筑

人类社会的发展似乎总是在重复以往的阶段，但这种"重复"是在历史的基础上更高一层维度中的"重复"，与过去并不全然一样。艺术的推进也是如此，每当某一风格或者形式逐渐普及，变成可以套用的、不假思索的制式化范式的时候，就会有一部分率先觉醒的艺术家，试图从中寻求突破。这一过程中，人们总会把目光投向过去，试图从先人的智慧中、从著名的历史遗迹中寻找答案。

14世纪的文艺复兴带来了以人文精神为核心的思想解放，欧洲社会试图在复兴希腊罗马文化的过程中寻找当下社会所需的进步思想，建筑界也掀起了一股回望古典建筑，从古典建筑中启迪新风格的热潮。

一、"折中主义"建筑风格

18世纪中叶，考古学的进步使得大量古希腊、罗马时期的建筑遗迹重现在人们的视野中。在启蒙运动的影响下，古典文化受到极大的推崇，其中也包括古典建筑。时间进入到19世纪，西方社会逐渐流行起一种将历史上各种风格建筑的代表元素进行杂糅的设计风格，这种跨越历史时期的混搭建筑被称为新古典主义建筑，也称折中主义建筑。

新古典主义在唯理论的基础上延伸而来，认为明确、严谨的规则和规范是从事艺术之人的必备修养，法国古典主义理论家 J. F. 布隆代尔就曾说"美产生于度量和比例"。[①]新古典主义在建筑设计中以古典柱式为构图基础，突出轴线、强调对称、注重比例、讲究主从关系。[②]这构成了新古典主义建筑风格的理论核心，对于这种风格类型来说，形式感被看作是判断一件设计作品优劣的首要标准。

20 世纪初，新古典主义建筑风格传入美国，并在随后的发展中变得更加自由，不再只是讲究固定的法式和比例均衡。美国是一个由移民组成的国家，其文化虽然源于欧洲，但它并不是欧洲文化的一个分支，也不是欧洲文化的一个变种，而是对欧洲文化进行改造和创新，使自己的文化区别于欧洲母体文化。[③]多民族融合的文化特点反映在建筑上，表现出各地区、城市的建筑风貌各不相同的基本面貌。首都华盛顿作为政治中心选择了以新古典主义为主的建筑风格；纽约、芝加哥等城市因经济中心地位而建造了大量的摩天大楼；在新墨西哥州等地出现了很多的殖民地式建筑样式，五花八门、不拘一格，这一切构成了 19 世纪末到 20 世纪初美国城市状况的写照。[④]

与此同时，装饰艺术运动在欧洲兴起，它主张吸收和接纳传统建筑中的装饰语言，并通过与工业社会相适应的方式进行转换，这也影响了折中主义在美国的发展。工业革命到来改变了社会生产方式，生产方式的改变又催生了新的艺术风格。自古以来，人们在对新鲜事物的接纳过程中，经常充满着矛盾与抗拒。

"装饰艺术"运动就是 20 世纪初在法国、美国和英国等国家开展的一次风格非常特殊的设计运动，它与欧洲的现代主义运动几乎同时发生与发展。与先前的英国"工艺美术运动"和产生于法国、影响到西方各国的"新艺术运动"不同，此运动中的建筑师、艺术家们开始了解到新时代的必然性，也不回避铁、玻璃等新材料。现代化和工业化已经无可阻挡，与其回避它，还不如适应它，因此他们采用大量的新的装饰构思，使机械形式及现代特征变得更加自然和华丽，成了对抗冰冷的直线造型的新的探索途径。

"装饰艺术"运动受到现代主义运动很大的影响，无论从材料，还是从设计主题，乃至于设计呈现的效果来看，这两种设计运动都有不少的内在关联。因此中国近代建筑师的作品所表现出的"融合"，并不是

① 牛耘. 议后现代主义建筑思想：借鉴古典主义风格的后现代主义建筑 [J]. 大众文艺，2010（4）：93.
② 中国大百科全书编纂委员会. 中国大百科全书建筑·园林·城市规划卷 [M]. 北京：中国大百科全书出版社，2009：175.
③ 陈致远. 多元文化的现代美国 [M]. 成都：四川人民出版社，2003：354.
④ 胡阶娜. 美国文化、历史与文学导读 [M]. 天津：南开大学出版社，2004：56.

个例。但是，这两者确实有区别。无论"装饰艺术"运动多么强调"机械化的美"的装饰效果，装饰正是现代主义反对的主要设计内容之一。更主要的是，它们的产生动机和代表的意识形态不同，"装饰艺术"继承了以法国为中心的欧美国家长期以来的传统设计立场——为富裕的上层阶级服务，因此它仍然是为权贵的设计，其对象是资产阶级。现代主义运动则强调设计为大众服务，特别是为低收入的无产阶级服务，从意识形态的立场看，两者间泾渭分明。[①]

　　20世纪初的美国建筑，除了继承欧洲任意组合、拼凑古典建筑符号的特征，还加入和吸收了异域文化，如埃及、印第安、南美各民族的建筑元素，甚至在美国修建的庚款留学生办事处也设计成中国传统建筑样式，在洛杉矶、纽约、费城都出现了中式建筑的身影。可以说，这种多民族自由融合的文化主张将折中主义建筑推向了高潮（图2-6）。

　　彼得·柯林斯曾说过："折中主义者实际上是在十分理性地声称：没有任何人必须从过去盲目地接受单一哲学体系（或单一建筑体系）的遗产，而排斥所有其他的遗产。"[②]尽管没有创造出新的设计风格，但它们通过研究和汲取传统精华，在古今之间充当了承接过渡的角色，而这个角色并不比创造新风格的地位低下。这种普适的建筑理论，对中国近代建筑不得不实践的"中西融合"之路产生了重要的影响。

图2-6　折中主义建筑——美国国会山

① 王受之. 世界现代建筑史 [M]. 北京：中国建筑工业出版社，1999：118.
② 彼得·柯林斯. 现代建筑设计思想的演变 [M]. 北京：中国建筑工业出版社，2003.

二、教会大学与亨利·墨菲

1910 年，美国基督教美以美会对原汇文书院、基督书院、益智书院进行合并，创立了金陵大学。该校在规划初期就被明确要求"建筑式样必须以中国传统为主"，这也是国内较早的明确要求以中国传统形式来进行科学设计的建筑群。

什么是中国传统建筑式样？对于西方建筑师来说，屋顶应该是最好的答案。为一座现代式的三层楼房加盖一个中国式的大屋顶，就可以让它看上去颇具东方意味，在包括金陵大学、华西协和大学在内的很多相关遗存中，建筑师确实也是这样处理"建筑必须符合中国传统样式"的设计要求的。教会大学的这种尝试，为"中国样式"的建筑设计提供了一种可以借鉴的设计思路，但这样简单的符号嫁接难免显得有些不伦不类、缺乏美感。与其他外籍建筑师不同，美国人亨利·墨菲（Henry Killam Murphy，图 2-7）表现出了对中国古典建筑更为深入的思考。

墨菲 1877 年出生于美国康涅狄格州，1895 年进入耶鲁大学攻读艺术专业，1900～1905 年，他毕业后辗转进入了一家建筑事务所从事建筑设计相关工作。1906 年，墨菲在进行了一次深入的欧洲古典建筑之旅后，正式创业开设了自己的建筑事务所，他的合伙人是接受了系统的巴黎美术学院学派教育的理查德·亨利·丹纳（Richard Henry Dana）。1913～1914 年，随着事务所的名气越来越大，他们开始将业务范围扩展至教育建筑领域。

墨菲工作室在亚洲的第一个设计项目是日本的圣保罗学院。在这个设计中，墨菲以折中主义的思路首次尝试将西方建筑原理与当地的建筑特征相融合，并获得了甲方的好评[①]。同年 7 月，墨菲前往北京寻找设计灵感，在参观北京故宫的时候盛赞"这是全世界最好的建筑群……像这样庄严、壮观的建筑群是不能在世界其他任何一个国家被找到的"[②]。这次考察，催生了墨菲对中国古代建筑浓厚的兴趣，其随后近 20 年的职业生涯倾注于近代中国城市建设的开端也肇始于此。

1918 年，已在中国完成了湖南雅礼大学、燕京大学等 5 所教会大学设计的墨菲，接到了金陵女子大学的设计委托（图 2-8）。在正式设

图 2-7 美国建筑师亨利·墨菲

① 方雪. 墨菲在近代中国的建筑活动［D］. 清华大学硕士学位论文，2010：16.
②同上.

计之前，校长德本康夫人曾和墨菲有过多次的书信交流以讨论金陵女大的建筑样式。在信中，墨菲阐述了自己关于设计"中国古典形式"建筑的看法，他认为中国古典建筑的精华不拘泥于屋顶，而是"贯穿整个建筑，从开窗形式、虚实的对比甚至体量与细节的关系"，他更说明："在当下的设计中，我们要想出什么比大屋顶更值得设计的地方，不然我们将有愧于曾经试图捕捉这美丽的中国建筑的灵魂所在。"①

墨菲的成就不止体现在具体的建筑设计上，在关于中国传统建筑样式的设计创新中，他还贡献了自己的理论思考。

1926 年，在燕京大学项目临近尾声的时候，墨菲发表了题为"The Adaptation of Chinese Architecture"的文章，首次以"适应性建筑"为他在中国所做的此类建筑实践下了定义。墨菲在文中用"新酒装在旧瓶子里"来解释这种适应关系："我更愿意将我们这种对中国传统建筑的改造，想象成以粉饰古来的建筑，来提供给中国，像燕大这样全新的教育环境……我们不仅从考古学的角度将这些美好的艺术形式复制到今天的世界，更是为中国人民乃至全世界报讯了这一无与伦比的人文遗产。"②1928 年，墨菲又发表了一篇题为"An Architecture Renaissance in China"的文章，将"适应性建筑"比喻成中国建筑的"文艺复兴"，这两篇文章表明墨菲希望以传统建筑来适应彼时建筑功能的全新需要，使其符合当下的社会语境，并在建筑形式的利用中做到合理的整合、科学

图 2-8　金陵女子大学早期规划图

①方雪.墨菲在近代中国的建筑活动［D］. 36.
② Jeffrey W Cody.An Architectural Renaissance in China [J]. Asia, 1928 (6): 468.

的再现。

墨菲一直以来被看作是近代在华外籍建筑师中成就最高的一位,最主要的原因是他提出了一套传统建筑样式得以沿用、推广的范式。在他的理论中,不仅有对中国传统建筑独到的看法,还对传统建筑中各结构要素的继承与否作出了判断。1927 年,墨菲因其建筑理念、设计方法的可复制性,得到了国民政府的高度认可,他在中国收获了巨大成功并被聘请成为"国民政府顾问",指导编纂了著名的《首都计划》。《首都计划》的推出,从官方层面坚定了"中国固有式"建筑的推行,并将"中国固有式"建筑的设计实践推向了高潮。

三、首都计划

1928 年至 1937 年,在国民政府正式定都南京期间,南京市的工商、金融、服务等行业得到了一定的发展,这一阶段被公认为是中华民国发展最快的十年,我国近代历史上第一部首都规划指南——《首都计划》也诞生于此时(图 2-9)。

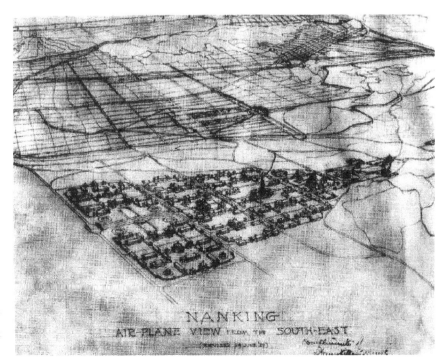

图 2-9 《首都计划》中的南京中央政治区规划图

国民政府曾多次颁布南京城市规划意见书。在《首都计划》之前，分别于 1919 年、1920 年、1926 年颁布了《南京新建设计划》《南京北城区发展计划》以及《南京市政计划》，正式定都之后，《首都大计划》作为《首都计划》的先声，也于 1928 年 10 月及时颁布。

1927 年国民政府成立首都建设委员会，任命孙科为负责人。孙科本人早年在美国留学期间，曾研习过市政、规划方面的课程。在之后为《首都计划》而作的序言中，他阐述了文化兴邦的重要理念："良以首都之于一国，固不为发号施令之中枢，实亦文化精华之所荟萃，觇人国者，观其首都，即可以衡定其国民文化地位之高下，关系之巨，盖如是也。"[①]

国民政府本着"用材于外"的原则，特别聘请美国建筑师亨利·墨菲和古力冶为该计划的主要设计人，同时聘请时任亨利·墨菲工作室助手的清华大学留美学生吕彦直参与规划的制定工作。欧美先进的规划管理体制也得以植入。《首都计划》编纂过程中有负责规划编制的设计委员会，也设置了负责建筑管理、规划实施和维护的工务局，并在该计划中呈现了城市设计及分区授权法草案和首都分区条例草案，体现了法律意识在首都规划中的渗透，规划管理也逐渐趋于专业化。

1929 年《首都计划》正式颁布。这份"计划"的发表，在历史上具有重大意义。它是一部由官方指导的大型都市建设规划书，最重要的是，它反映了科学、先进、具有法律效应的建设法规已经开始在社会发展中受到重视。哈佛大学教授柯伟林在《中国工程科技发展：建国主义政府（1928～1937）》中指出："南京是中国第一个按照国际标准、采用综合分区规划的城市……如果南京今天可以称作'中国最漂亮、整洁而且精心规划的城市之一'的话，这得部分归功于国民政府工程师和公用事业官员的不懈努力。"[②]《首都计划》中对于城市规模、城市格局、建筑风貌、管理方法等方面都进行了系统论述，并强调"全部计划皆为百年而设，而非一时之用"。[③]该计划出台以后，南京兴起了持续十余年的营建高潮，虽然后来因为种种原因，整部规划未能完整实施，但它仍然帮助南京改变了旧有的、落后的城市面貌，转而成为开放的、外向的新型城市。

①（民国）国都设计技术专员办事处. 首都计划 [M]. 南京：南京出版社，2006.
②同上：1.
③同上：4.

《首都计划》将南京分为六个区域，即"中央政治区、市行政区、工业区、商业区、文教区和住宅区"。其中，中央政治区作为整部规划的重点区域，被确定在距离中山陵仅半里的紫金山附近，该地区面积、环境、地理情况均有诸多优势，有利于政治区的扩建、军事上的防守以及办公，这种思路是借鉴了澳大利亚、土耳其、印度等国将行政区放在郊区的做法。在具体设计上，整个中央政治区的平面呈金字塔形，政府各分管项目的部门处于最末端，形成一个合院式的建筑群；中间层为政府大楼，国民党办公大楼和礼堂则位于金字塔的最顶端，整个行政区的功能架构以层层递进的方式布置。遗憾的是，真正的实施情况并非如此，"各政府机关根本没有照计划进行，而且大都各行所好，到处乱建房子……后来不得不把中央行政区计划改在中山门内明故宫一带。"①

《首都计划》对于南京的空间布局与中国传统城市基于礼乐制度完全不同，而是借鉴西方的经验，呈"同心圆式四面平均开展"，并明确提出避免"狭长之形"以防发展不均。在道路、铁路设计等方面直接借鉴欧美国家已经经过实践检验的模式，在建筑方面也提出"外国建筑物之优点，亦应多所渗入"。值得注意的是，该计划中明确提出要注意规避欧美国家城市规划中出现的问题，如"城市干道布局力避对角线，建筑不宜像纽约曼哈顿一般高大，以防障蔽阳光之照射，妨碍空气之流转，以及祸患时危险之增加"等，不盲目效仿发达国家。

"发扬吾国美术之优点"是《首都计划》中的另一个指导思想。孙科在对首都于一国地位的认知中，提出了城市文化的重要性，而如何通过建筑表现城市文化，则是要求首都建筑应该尽量体现出民族建筑的基本特征。《首都计划》关于"建筑形式之选择"一章中，明确指出首都建筑"要以采用中国固有之形式为最宜"，"政治区之建筑物，凡古代宫殿之优点，务当一一施用"，可见所谓"吾国美术之优点"就是古典宫殿样式所代表的"中国固有之形式"。关于这种形式的选择，国民政府提出"所以采用此项形式之故，其中最人理由，约有下列数项。其 ，所以发扬光大本国固有之文化也；其二，颜色之配用最为悦目；其三，光线、空气最为充足也；其四，具有伸缩之作用，利于分期建造也。"

① 汪晓茜. 规划首都民国南京的建筑制度[J]. 中国文化遗产，2015（5）：19-25.

在具体做法中，该计划指出政治区内的公署建筑应该尽量采用中国款式，以外国式副之，即"中国式多用于外部，外国式多用于内部"；而商业、现代住宅建筑，因其特殊的舶来性质，国民政府以为可以采用外国形式，"惟其外部仍须具有中国之点缀"；在住宅方面，该计划中并没有对建筑形式做过多的要求，但提出了中国园林的种种优势，期望能被采用。

南京的规划和建设方略是与这一时期人们的建筑价值观相一致的，即采用科学的方法进行城市规划，同时通过建筑在城市形象上造成中国风格。在《首都计划》列举的四条理由中，后三条称作是中国建筑本身的优点未免显得牵强，只有第一条才是采用"中国固有式"的真正原因，即赋予形式以"发扬光大本国固有之文化"。比如《首都计划》中解释说："一国必有一国之文化，中国为世界最古国家之一，数千多年，皆以文化国家见称于世。……国都为全国文化荟萃之区，不能不藉此表现，方以观外人之耳目，方以策国民之奋兴也。"

由于多重原因，《首都计划》所奠定的南京城市的基本格局在日后的实施中并未一一实现，但它对首都建筑形式的要求，却基本得以采纳。《首都计划》以官方的态度肯定了"中国固有式"建筑特征于首都的重要性，使得此类建筑得到了大力推广，迅速成了首都范围内最有代表性的一种建筑风格，发展规模达到了顶峰。中国其他各城市政府也以此为典范，形成了全国范围内繁荣的营建景象。在《首都计划》的指导下，近代民族形式建筑的基本范式得以确立。该时期建造的近代民族形式建筑重视比例与尺度关系，在建筑的色彩、采光、结构表现等方面，也呈现出较多的思考。与1927年之前相比，中国建筑师逐渐成了建筑行业的中流砥柱，而建筑师对中国传统建筑也有了更加深刻的解读，在调和中西建筑文化的矛盾方面，贡献了很多有价值的尝试，并在城市规划发展日益蓬勃的今天，带给当代很多启发。

第三节　第一代建筑师的选择

一、"科学"与"文化"的建筑观

五四运动之后，"科学"作为西方敲开中国大门的"西技"的统称，成为整个近代中国社会最为推崇的名词之一。胡适先生曾在为《科学与人生观》所写的序中提到："近三十年来，有一个名词在国内几乎做到了无上尊严的地位；无论懂与不懂的人，无论守旧和维新的人，都不敢公然对他表现轻视和戏侮的态度。那个名词就是'科学'。"[①]

与此同时，面对第一次世界大战带给全球的巨大灾难，许多曾经热情颂扬西方现代文明并极力主张仿效西方模式改革中国社会文化和政治的知识分子，在思想上发生了很大转变。他们开始重新认识和评价先前弃若敝屣的中国传统文化。

梁启超曾经相信西方社会达尔文主义社会进化论的普遍性，积极宣传以变革和"新学"拯救中国。可是，当在 1918 年到 1920 年间访问欧洲，目睹大战之后深重的社会危机和弥漫的悲观主义之后，他否认了自己曾经深信不疑的技术进步导致社会进步的幻想，转而肯定东方文明对于救济西方的"精神饥荒"所具有的价值。他提出将东西文化的优点结合起来，以创造一种"综合主义"的现代文化。对于近代中国的建筑师来说，教育背景让他们的设计理念始终围绕着折中主义进行探索，所处的执业环境也要求他们走出一条"中西结合"的新路。在探索的过程中，想把两种建筑文化平衡好，实际上是非常困难的。建筑师在追求"古典复兴"风格和"西方国际"风格的道路上实际都存在一定的"过度"，建筑设计不比其他的艺术创作，它要全方位地考虑政治因素、社会因素、经济因素等各方情况，大多数的时候只能选择贴合重点要素，想面面俱到是很困难的。

追求"中国传统复兴"的道路，因与当时政府的政治要求相契合，其主流走向定型化的"中国固有式"，逐渐成为一种官式建筑的范式。而在这一过程中，建筑师又不是毫无反思地继续这种耗费巨大、形式单

① 张君劢等. 科学与人生观 [M]. 合肥：黄山书社，2008：9.

调的建筑创作。在追求经济、科学的"中国式"建筑的道路上，也由于商业社会的自我选择，最终衍生出了新的设计模式和设计思维。这些都深刻地影响了现代主义建筑运动在中国的发展。

黄钟琳在 1933 年出版的《建筑月刊》第一卷第九、十期合刊上发表的《建筑的原理与质量述要》一文中提出："建筑是科学与艺术的结合，也是文化的代表作，科学一天一天的发达，文化一天一天的演进，建筑也一天一天的在向前迈步，同样的没有止境"，并进而提出建筑的两个基本原理——"真"与"美"。

黄钟琳对"真"的定义是"建筑须合乎自然美力的进展，好的建筑不应有欺骗观众目光之举"。"不同材料的施用及序列，须适合其本性。坚强而粗糙的材料，可用以支持轻弱材料。"可见这里的"真"受到现代建筑理论的影响，强调材料运用的"科学性"和形式处理的"真实"。而对于"美"，黄的解释为"美之可爱实极神秘，在建筑上为第二主要元素，含有不可捉摸之原理，并可傲视一切"。"美之力足以激动幻想，精炼与鼓励情感，质量雄壮外表优美之高等建筑，可深印人心，使久而不忘。"可见这里所说的"美"是指建筑式样引起的视觉感觉，尤其是指集中反映统治集团意愿的"高等建筑"。因此黄钟琳得出结论："工程师以材料经济、建筑牢固为原则，建筑师更须使建筑物满足观者之感觉。"由此可见，黄将建筑视为"科学与艺术之结晶"的目的十分明确，正是对"艺术"的关注使得建筑师区别于工程师，建筑师才有其存在价值。黄钟琳虽非著名建筑师，然而其清晰明确的提法和其背后的意图却十分具有代表性。[①]

"建筑是科学技术与艺术的结合"这一理论中对于"科学"的强调，明显受到现代运动的影响。1934 年 3 月，中国建筑师学会主办的《中国建筑》上刊登了卢毓骏翻译的柯布西耶的演说词《建筑的新曙光》，柯布西耶在其中说道："科学，就具体而言即材料力学、物理、化学乃是建筑的首要因素。"同样是在《中国建筑》刊登的建筑设计作品介绍中，编者甚至用诗歌来称颂"大上海大戏院"建筑的科学技术性。[②]

与此同时，还有另一种建筑观念也在发挥着重要影响。著名建筑师陆谦受在与吴景奇联合署名发表的《我们的主张》一文中公开提出，一

① 李海清. 中国建筑现代转型. 南京：东南大学出版社，2004：300.
② 柯布西耶. 建筑的新曙光. 卢毓骏译. 中国建筑，1934，2（3）：10-15.

件成功的建筑作品,不能离开"实用的需要""时代的背景""美术的原理"和"文化的精神"。[①]前两者显然可以引申到利用科学技术手段满足使用要求,而后两者则涉及"艺术性"和文化问题。著名建筑师赵深在其为《中国建筑》创刊撰写的发刊词中以"建筑之良窳,可觇国度之文野"开篇。[②]著名建筑师庄俊在《建筑之式样》一文中也说:"由建筑之精细,足以觇文化之高下、政治之良窳、宗教之纯驳、社会之雅俗、经济之丰简,建筑岂小道云乎哉。"[③]以上观点代表了当时绝大多数中国建筑师的想法,设计一座具有中国风格的建筑,不仅仅是设计作为实用存在的建筑,更是设计一座能够启发人民、代表民族兴衰的文化丰碑。从中也能看出,第一代建筑师对自己的定位绝非作为技术人员存在的建筑师,而是作为文化启蒙、文化传播者存在的知识分子,有振兴中华的责任与抱负。这种情怀和信念,让这一时期的建筑作品更倾向于表达中国博大精深的民族文化。

二、中国古典建筑的特征

中国古代建筑与西方建筑是两种不同的体系。中国传统建筑以木头为主要材料,以框架式为主要结构形式,以间为建筑的基本单位,不强调建筑单体在样式上的变化,而更注重"间"与"间"之间增减、排布时产生的关系。因此中国古代建筑在绵延数千年的发展中,并没有在立面形式上产生大的变化,主要靠丰富的群组关系,维持建筑发展的秩序。

中国哲学的"天人合一"观念,充满不一定切合实际的比附和浓厚的神秘色彩,重要的是它朴素地意识到了人与自然环境的交融统一。在中国古人的观念中,这个统一被认为是与美的本质直接相关的。"智者乐水,仁者乐山",儒家在看待自然环境的时候,是以人作为基本参照,以山水喻人,象征人的道德与精神层面的种种特点;而道家则就环境论环境,把环境看作是人类社会之外的一种存在,是人可以追求的一种极致的状态。山水画论中的"山性即我性,山情即我情"等,都明确肯定了人与他所处自然环境的和谐。[④]

① 陆谦受,吴景奇. 我们的主张. 中国建筑,1936(26):55-56.
② 赵深. 发刊词. 中国建筑,1915(创刊号):1.
③ 庄俊. 建筑之式样. 中国建筑,1935,3(5):1.
④ 中国艺术研究院中国建筑艺术史编写组. 中国建筑艺术史[M].北京:文物出版社,1999:1090.

　　"风水"是古代中国特有的一种对建筑环境的评判因素，看似神秘，其实有着一定的科学根据。作为一门有关建筑环境规划的学问，它主要是根据一个具体的地理位置所特有的地形、气候、植被、景观以及生态等要素，结合人与地形之间的感受作出综合评判，对建筑规划和设计提出一些具有指导作用的建议。"风水"往往都很变通，对自然环境的劣势能提出人为规避的方法。其中，"气"作为"风""水"以及地形、地貌之间相互作用的结果，是"风水"学说中一个非常重要的概念，"忌风喜水，故风要藏、水要聚，只有'藏风得水'，生气才能旺盛"，[①]而有生气的地方才是真正的"风水宝地"。

　　我国古代单体建筑讲究对称美，建筑布局也以轴线对称为特色。《吕氏春秋·慎势》中记载："古之王者，择天下之中而立国，择国之中而立宫，择宫之中而立庙。天下之地，方千里以为过，所以极治任也。"[②]这种"尊者居其中"的观念来源于"中庸"思想，它影响了中国几乎所有的营建活动，下至墓室明器，上至宫殿庙宇，小到地方民居，大到城市规划，无一不遵从这种端正严谨的布局形式。从广义层面讲，"中庸"几乎包含了儒家学说的所有观念和德行。中国传统建筑作为我国古代物质文明和意识形态的综合表现，同样受到这种"中庸"思想的左右。"中庸"的思想主要可以理解为适度、平衡和恰到好处。中国传统建筑群要求以"中路"为主，左右再发展"东路"与"西路"的轴对称式布局理念就是这种思想的直接反映。

　　轴线对称式布局，除了是中国传统建筑礼制和儒家思想的体现，也符合人类对美最基本的感知。轴线对称在作为建筑布局出现之前，是属于大自然的一种规律，多数植物、动物甚至是人体，都基本符合中轴对称的构造逻辑。中国的传统建筑艺术作为一种有机建筑，一种面向世俗社会的建筑，非常强调建筑中的"人性"，而轴对称作为大自然中最常见的美的形式，也符合中国传统建筑对于生命的阐述与理解，从这一点上看，轴对称的布局形式，也同样与中国古代"天人合一"的思想相契合。

　　从外观的角度出发，轴对称建筑给人一种稳定持重之感，中国的传统社会因重视伦理尊卑，要求建筑能够体现出道德秩序的严谨和不容僭越。而在人类世界的其他建筑文明中，轴对称的手法同样应用广泛，无

① 中国艺术研究院中国建筑艺术史编写组. 中国建筑艺术史 [M]. 1090.
② 房厚泽. 凝固的历史：中国建筑的故事 [M]. 北京：北京出版社，2007：71.

论是伊斯兰教建筑，还是西方古典建筑，从神庙、教堂、清真寺到宫殿、广场，对称式都是建筑的主要布局形式。由此可见，中国建筑中的轴对称式布局是古代政治体制、传统伦理秩序及人类心理感知的统一体现。

合院式布局是中国古代建筑的主要特点之一，大体可分为两种类型。第一种是先确立一条中轴线，并将主要的建筑安置在这条主轴线上，再在主轴的左右两侧，面对面安置相对次要的建筑，构成三合院的形式，或在主要建筑的正面再安置一个次要建筑，构成完整的正方形或长方形的院落，称作四合院。另一种是在第一种的基础上，用连廊将四方的建筑联成一个整体，这种做法一般见于级别较高、体量较大的住宅，具有更加突出的实用性和艺术效果。

我国的传统四合院，一般按照坐北朝南的方位建造，四个方位的房屋严格按照"北为上，东西两厢次之，南（倒座）为宾"的秩序安置。大门一般开在合院的东南角，连同四壁将房屋围合起来，形成一个封闭、保守、独立的空间。合院根据级别和规格不同，一般分为不同的进数，一个围合的院落称为一进，根据需要，建筑还可以拓展至二进、三进，从而形成口字形、日字形、目字形等不同的平面布局。

一般认为，中国的传统文化是一种内向型的文化，始终维护一个正统的本源文明核心。这一点从中国建筑的布局中也可以看出来：由一间出发，发展到一群，而整个群组内的建筑都以这最开始的一间为源。古代合院实际上就体现了这种内向性的传统观念。《庄子·齐物论》论述："六合之外，圣人存而不论；六合之内，圣人论而不议。"六合就是上下、左右、前后六个方向，是人存在的空间特征，所谓"合"正是一种聚拢、内向的体现。[1]

一个院落拓展到一个组群，最后由一坊一里，组成一座城市。《周礼·考工记》记载："匠人营国，方九里，旁三门。国中九经九纬，经涂九轨，左祖右社，面朝后市。"[2]一幅纵横分明的城市景象跃然纸上。

中国建筑中这种无限延伸的组群关系，依靠纵横交错的轴线和透迤穿梭的游廊，有了高低虚实的相对差异，透过窗棂和回廊，不同的角度和位置看到的是不同的风景，感受到的是不同的体验，可谓"步移景异"，大大增强了建筑本身的艺术效果。所以中国的传统建筑也被看作

①沈福煦，沈鸿明．中国建筑装饰艺术文化源流［M］．武汉：湖北教育出版社，2002：11．
②闻人军．考工记译注［M］．上海：上海古籍出版社，2008．

是一种有机的、流动的艺术，不同于西方教堂和神庙体现的凝固的美感。中国的传统建筑，强调的是在穿梭的过程中不断发生变化的心理活动。李泽厚先生在《美的历程》中谈到："中国传统山水画有'可望''可游''可居'种种，但'可游''可居'胜过'可望''可行'，中国建筑也同样体现了这一精神。"[1]

中国传统建筑群组中所蕴含的哲理，不同于西方古典建筑强调的威严、神圣——将人与建筑置于一个对立的情境中，而是以层层推进的方式含蓄、温和地展现建筑的气度，人在建筑中游历，感受到的是自由与和谐，建筑的体量以人为本，人和建筑之间能够高度融合，并产生强烈的安全感。

留学宾大的中国建筑师，设计思维受巴黎美术学院学派影响，非常重视对建筑外观形式美的追求。受到西方古典建筑范式影响，他们更加关注不同建筑风格的代表式样，针对中国传统建筑，他们在否定其使用价值的同时，也肯定了它的观赏价值和精神意义，从而为中国建筑的古典复兴找到了形式上的根据。比如在题为《论建筑形式》的文章中有这样一段话："谈到我国建筑的形式，那又独树一帜与外国完全不同。其形式是两边斜向的'人'字形，宫殿庙宇式则筑椽角，四面向上弯，远望起来，另具风味，这是我国房屋外形的最大优点。"

宫殿类建筑是中国传统建筑群落中最重要的单体建筑，一般位于建筑群的纵向轴线之上，是中国传统单体建筑中规格最高、体量最大、造型最为隆重的一种，其在中国古代建筑史上的价值地位与神庙、教堂等建筑在古代西方历史上的价值地位相当，可以称为中国古典建筑的代表。

宫殿类建筑的体量大小主要取决于建筑的开间数量、屋檐形制以及台基的高低。汉代以后，建筑的开间被限定为单数，以三间规格最低，依五、七、九递增，现存中国古代建筑中，开间数量最多的为十一间，如故宫中的太和殿（图2-10）；殿堂建筑一般采用歇山或者庑殿两式，分单檐和重檐两种，也有极个别的三檐现象，如天坛祈年殿；重檐的级别要高于单檐，气势更盛；除此之外，台基的高度也影响着建筑的整体形象，高大的台基能够体现建筑威严庄重之感，如太和殿下面的台基就为多重叠加。

[1] 李泽厚. 美的历程 [M]. 北京：三联书店，2009：65.

图 2-10　太和殿

　　一般认为，中国古代建筑以宫殿的成就最高。历代宫殿营造，都涉及社会各方面的投入，在人力物力方面耗费巨大，往往最能够体现那一时代最高的艺术及技术水准。中国古代历史上的大多数政权均建立在长江以北地区，宫殿也以北方建筑端庄、严肃、沉稳的造型风格为主。从秦汉、唐宋至明清，中国古代宫殿在形式和规模上虽然产生了一定的变化，但是建筑造型的发展却是一脉相承的，均追求"大壮"之势，通过特定的艺术手段，强化殿堂所代表的统治阶级威力与权力象征。

　　中国传统建筑中醒目的大屋顶，是建筑整体外观最重要的表现。梁思成先生曾经这样评价："欧洲建筑物，除去少数有穹窿顶者外，所给人的印象，大多不感到屋顶之重要。中国人对于屋顶的态度却不然。我们不但不把它遮掩，而且特别标榜，骄傲的，直率的，将它全部托起，使成为建筑中最堂皇、最惹人注目之一部。"①

　　不同于其他国家的木质建筑，中国传统建筑的屋顶形成了一种特有的曲面（图 2-11），屋顶通过这种曲度，使正脊和檐端也可以设为曲线，在屋檐转折的飞檐处形成了四角上扬的趋势，"如跂斯翼，如矢斯棘，如鸟斯革，如翚斯飞"正是《诗经》中形容古代屋檐轻盈优美的诗句。

① 梁思成 . 中国建筑艺术图集［M］. 247.

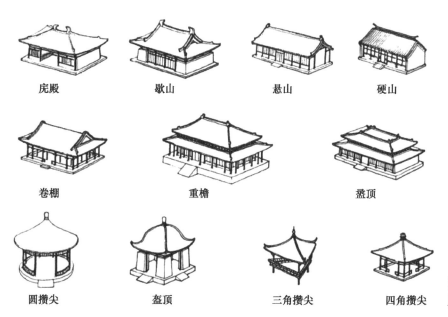

庑殿	歇山	悬山	硬山
卷棚	重檐	盝顶	
圆攒尖	盔顶	三角攒尖	四角攒尖

图 2-11　中国传统屋顶样式一览

三、什么是中国的"古典建筑"

　　近代西方曾出版过两部与中国传统建筑有关的书籍：一部是著名英国建筑史学家弗格森（James Fergusson）于 1876 年出版的《印度及东方建筑史》（*History of Indian and Eastern Architecture*）；另一部是 1896年出版的，由另一位英国建筑史学家弗莱彻（Banister Fletcher）所编写的《比较法建筑史》（*A History of Architecture On The Comparative Method*）。[1]这两部著作对中国古代建筑体系都持排斥和贬低的态度。弗格森曾评价："中国建筑和中国的其他艺术一样低级。它富于装饰，适于家居，但是不耐久，而且完全缺乏庄严、宏伟的气象。"[2]弗莱彻则在其著名的"建筑之树"图中（图 2-12），将中国古代建筑归为"非历史性"的建筑，他认为中国传统建筑重视装饰而非结构，而将其排斥在世界建筑发展的主流之外。可以说，在 19 世纪末期西方世界，建筑学者基于研究不足与"文化霸权"心态，对中国建筑持有很深的偏见，这种情况直至 20 世纪以后仍然没有得到太多的好转。

　　如前面所说，西方传教士最早意识到有必要将他们的传教使命与中国人的民族自尊相结合，以缓和中西在文化观念上的对立。通过在新的

① 温玉清. 二十世纪中国建筑史学研究的历史、观念与方法［D］.
② Fergusson, James. History of Indian and Eastern Architecture [M]. New York: Dodd, Mead& Company, 1891, P687.

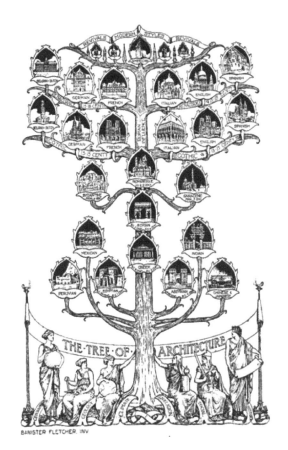

图 2-12　建筑之树

教会建筑上采用中国建筑的造型母题，西方教会开创了美国建筑师墨菲所称的"中国建筑的文艺复兴"。由于在 20 世纪 20 年代之前，现代的建筑学教育在中国尚未开始，从国外留学回国的中国建筑师人数还很少，因此，把中国式样建筑母题运用于新建筑的尝试，不得不依靠中国的传统工匠和外国建筑师，由他们创作的"中国式"新建筑因此便由于地区差异和建筑师对中国特征理解的不同而缺少风格上的统一性。墨菲本人规划并设计了多所中国大学的校园和校舍建筑。他还是最早根据中国官式建筑总结中国建筑造型特征的外国建筑师之一；他甚至还注意到中国建筑装饰的象征意义和布局方面的风水考虑。墨菲曾在他的设计中努力表现这些特征，并以此影响了许多中国建筑师。

　　回顾 20 世纪上半叶的中国，近代建筑事业的发展几乎是以全面开花的状态迅速前行，除了大量的新建筑不断落成，建筑设计行业涌现了诸多杰出的建筑师。其他方面，如建筑教育、城市规划、古建筑研究及保护等，也都蓬勃有序地推进着。

　　1918 年，近代著名建筑学家朱启钤途经南京，于江苏省立图书馆发现宋《营造法式》抄本，商取当局同意后，以石印本刊行。后与陶湘集《四库》文渊、文津诸本悉心校勘。1925 年"陶本"出版，在继续深入解读《营造法式》的同时，又与同仁阚铎、瞿兑之搜集营造书籍，着手编纂为历代匠师立传的《哲匠录》，后又致力于清工部《工程做法则例》的整理。1929 年 3 月，这些资料在北平中央公园董事会陈列展出，引起了学术界的极大震动。朱启钤以研究范围日广，深感个人独立工作不易，6 月初同中华教育文化基金会董事会提文继续研究中国营造学社计划书之大概并商请补助，得到批准。1930 年，朱启钤于北京创建了中国营造学社。这是中国最早采用现代方法研究古建筑的学术团体，"自创办到结束，前后共历时 15 个年头，其间除搜集古今中外营造图谱、实物数据、模型、摄影、金石拓本和古籍版本外，还访求名工、大师、工部老人、样房和算房专家等。"朱启钤在社事纪要中这样记述学社的成立：

民国十八年春，中美文化方面，时以完成中国营造学之研究，来相劝勉。尔时为环境所限，恐未能专心致力，却不敢承。顾以平生志学所存，内外之交、属望之切，亟应急时组织团体自立互助，乃发表中国营造学社缘起一通。并于三月下旬，在北平中山公园董事会展览图籍及营造学之参考品。固应同志之要求，亦以频年以来编摩及采集所得之成品及其资料，堆积缄縢，不得不加整理。且一经披露，中外朋好声应气求，更各出所藏，或以所致所见相助，禆益亦多。六月初，始以继续研究中国营造学社计划书之大概，提出与中华教育文化基金会董事会。至六月之杪，经该会第五次年会议决补助费用，并定明将来研究所得结果及编绘成式之一切书籍图画应与所收之材料，一并交北海图书馆。七月五日具函见告。适因旅游辽宁，未克实时到平，迭次函商，迄于年岁杪，始租定北平宝珠子胡同七号一屋，由津移住，于十九年一月一日，开始工作。①

学社除了汇集大量资料和研究成果，还培养了众多优秀的建筑史研究人员，其中以梁思成、林徽因与刘敦桢最具影响力。1930 年，朱启钤建议梁思成任中国营造学社研究部主任。1931 年，梁思成和林徽因离开一手创立的东北大学建筑系回到北京，双双加入了学社，与同事们开创了用科学的方法研究中国古代建筑的新路。他们不仅发现并记录了大量重要的中国建筑遗构，还为当代的中国建筑史研究奠定了历史理论的基础。

1931 年，梁思成发表了他的第一篇建筑学术论文《我们所知道的唐代佛寺与宫殿》。与此同时，他开始了对中国古建筑遗迹的实地调查，并在同年 6 月发表他的第一篇调查报告《蓟县独乐寺观音阁山门考》。这篇报告是近代中国建筑史上的一座极为重要的里程碑。在报告中，梁向世人介绍了两座建于公元 987 年，当时所知年代最早的中国建筑，同时，通过将它们与宋朝的建筑典籍《营造法式》相对照，发现了许多与

① 常清华．清代官式建筑研究史初探［D］．天津大学博士学位论文，2012：47.

这部古代术书的描述相符的实物做法，一方面为研究这部古代典籍找到了实物依据，另一方面也以此书为一项重要的断代标准，确立了中国古建筑的考古类型学方法。除此之外，他针对这两座建筑所采用的结构理性主义的评价标准，还奠定了新的中国建筑美学的理论基础。[1]

营造学社内部对于中国古代建筑的研究，主要参照《营造法式》与清工部《工程做法则例》两部古代典籍，以及田野考察（图 2-13）。《营造法式》所记录的内容上可与唐宋关联，下对清代建筑产生影响，对其的解读自然是工作重心。但要研究宋《营造法式》，却不能不从具有大量实物、工匠抄本、原始设计图、档案文献、距今时间最近的清代官式建筑入手，依循从清代到宋代、从清工部《工程做法则例》到宋《营造法式》的技术路线，《营造法式》补图和《营造词汇》编定即是其具体体现。

梁、林二人的研究以中国北方官式建筑为主要讨论对象，以西方结构理性主义为评价标准。在关于中国历代建筑的评价方面，梁思成与林徽因曾在文章中多次表达唐宋建筑为上、明清建筑为下的观点。1934年林徽因在文章《论中国建筑之几个特征》的基础上，写作《清式营造则例》绪论一文。作者受西方影响，将建筑归至艺术的范畴，认为艺术发展如同生物生命的发展，中国建筑发展也是遵循着西方所公认的

图 2-13 梁思成、林徽因等营造学社成员在祈年殿大修现场

① 赖德霖. 中国近代建筑史研究［M］.

艺术发展过程，需经历始期、成熟直至退化，而清代建筑处在衰退的阶段："大凡一种艺术的始期，都是简单的创造，直率的尝试、规模粗具之后，才节节进步使达完善，那始期的演变常是生气勃勃的。成熟期既达，必有相当时期因承相袭，规定则例，即使对前制有所更改，亦仅限于琐节。但在琐节上用心'过犹不及'的增繁弄巧，久而久之，原始骨干精神必至全然失掉，变成无意义的形式。中国建筑艺术在这一点上也不例外，其演进和退化的现象极明显的，在各朝代的结构中，可以看得出来。……所以由南宋而元而明清八百余年间，结构上的变化，虽无疑的均趋向退步。"

梁思成在其著作中也表达了相同的观点。在1944年完成的《中国建筑史》中，他对清代建筑的昂沦为装饰、梁断面的不合理等变化表示哀叹："斗栱明清二代，较之元以前斗栱与殿屋之比例，日渐缩小。斗栱之高，在辽宋为柱高之半者，至明清仅为柱高五分或六分之一。补间铺作日渐增多，……不唯不负结构荷载之劳，反为累重……在材质使用上，已将之观念完全丧失矣。在各件之细节上，昂之作用已完全丧失，无论为杪或昂均平置。……故宋代原为荷载之结构部分者，竟沦为装饰累赘矣。构架柱梁构架在唐、宋、金、元为富有机能者，至明、清而成单调少趣之组合。在柱之分配上，大多每缝均立柱，鲜有抽减以减少地面之阻碍而求得更大之活动面积者。梁之断面，日却近正方形，清式以宽与高为五与六之比为定则，在力学上殊不合理。"但同时也肯定清代建筑的发展："梁架与柱之间，大多直接卯合，将斗栱部分减去，而将各架槫亦直接置于梁头，结构简单化，可谓进步。"

对于梁思成、林徽因的观点，赖德霖曾做过透彻的分析。赖首先归纳了贯穿梁思成与林徽因的中国建筑史研究的三个重要思想："第一，中国建筑的基本特征在于它的框架结构，这一点与西方的哥特式建筑和现代建筑非常相似；第二，中国建筑之美在于它对于结构的忠实表现，即使外人看来最奇特的外观造型部分也都可以用这一原则进行解释；第三，结构表现的忠实与否是一个标准，据此可以看出中国建筑从初始到成熟，继而衰落的发展演变。"[①]

由于梁、林二人受到母校宾夕法尼亚大学以历史风格为主导的建筑

① 常清华．清代官式建筑研究史初探 [D]．

① 赖德霖. 中国近代建筑史研究 [M].

教育,所以他们对于中国建筑的研究注重形式和与之相应的结构体系并不令人感到意外。对照布扎教育体系来看,以西方古典建筑为对应研究对象的建筑类型,应该是在中国具有清晰的历史传承线索,且应该属于传统建筑中的经典类型;对照民族主义的社会要求来看,这一类建筑又应该具有明显地体现中华民族文化特征的功能。当他们将《营造法式》和《工部工程做法》两部官式建筑规则以及与之最为相关的宫殿和寺庙建筑当作研究对象时,实际上已把北方官式建筑当作中国建筑的正统代表,他们工作的目标因此也就是阐明中国官式建筑的结构原理,并揭示它的演变过程。

之所以选择中国古典官式建筑,而回避中国的民居建筑以及其他民族建筑,主要是因为宫室、庙宇以及其他官式建筑在类型上更丰富,在设计和施工水平上更成熟,在地域分布上更广阔,在文献记录上更系统,因而必然会被早期的中国建筑研究视为最重要的研究对象,它们也因此成为尚处于开创阶段的中国建筑史写作中"中国建筑体系"的代表。对于中国建筑体系内部的同一性的强调,在实际的创作领域里就是对于新建筑的所谓"中国风格"的探寻。如果说梁、林和他们在中国营造学社的同事以官式建筑为对象的中国建筑研究在学术上确立了这一风格的一种代表建筑类型,那么对于实践,他们的研究则为这一风格确立了一种古典的规范。①

3

第三章

民国建筑
——近代建筑艺术的高潮

第一节　近代建筑的分期

　　"分期"是通过划分历史时期来研究史学的一种方法，它通过集中研究对象同一时期内相对稳定的特征，比较不同历史时期之间的差别，从而发现其发展规律[①]。

　　建筑学界对于中国近代建筑分期的问题，一直有多种不同的意见。在最近十年出版的相关研究中，关于中国近代建筑的分期主要有以下几种主张：著名近代建筑史学者杨秉德在其《中国近代城市与建筑》一书中将中国近代建筑的发展分为初始期（1840～1900 年）、发展盛期（1900～1937 年）、凋零期（1937～1949 年）[②]；建筑学者刘亦师在其论文《中国近代建筑发展的主线与分期》中将中国近代建筑发展分为四个时期，1840～1895 年为近代建筑的发轫期，1897～1927 年为近代建筑发展期的第一阶段，1928～1937 年为近代建筑发展期的第二阶段，1938～1949 年为近代建筑发展期的第三阶段；[③]另一建筑学者邓庆坦于《图解中国近代建筑史》一书中，将中国近代建筑分为：1840～1900 年初始期，1901～1927 年发展期，1927～1937 年兴盛期，1937～1949 年凋零期。虽然他们的分期时段各有不同，但都将民国时期（一般指 1911 年孙中山在南京建立临时政府到 1949 年中华人民共和国成立这之间的一段）看作整个中国近代建筑发展的高潮阶段，在刘亦师和邓庆坦的分期中，都将民国南京的十年首都建设作为近代建筑史上一个独立的、重要的时期（图 3-1）。

　　在本书中，笔者参考前人在近代建筑史、民国建筑史分期方面的研究基础，试将民国建筑的发展粗略分为四个阶段。第一阶段为清朝末年的酝酿期（1840～1910 年），这一时期的上溯时间虽然超越了民国，但对于研究民族形式建筑风格的形成和发展来说却不能回避；第二阶段为教会大学影响下的发轫期（1911～1927 年），这一时期在西方教会的支持和倡导下，第一次出现了造型语言明确的中西混合建筑；第三阶段为首都计划推动下的全盛期（1928～1937 年），这一时期是民国建筑发展的高峰时期，在政府的全面推进下，以中国北方传统建筑外形

① 刘亦师. 中国近代建筑的主线与分期 [J]. 70-75.
② 同上.
③ 同上.

加西式构造的基本建筑范式正式确立；第四阶段是抗战前后的缓滞期（1938~1949 年），无论从建筑的数量和质量来看，这一时期都是相对弱势的阶段。

作者	论著	发表年代	近代建筑的历史分期
中国近代建筑史编辑委员会	《中国近代建筑史（初稿）》	1959（未正式出版）	1）19 世纪中叶至 1919 年 2）1919 年至 1940 年代末
中国建筑史编辑委员会	《中国建筑史·第二册·中国近代建筑简史》	1962（中国建筑工业出版社）	1）1840~1895 年：产生初期 2）1895~1919 年：发展时期 3）1920 年代~1930 年代：重要发展期 4）1930 年代末~1949 年：停滞期
王绍周	《中国近代建筑概观》	1987（《华中建筑》1987/2）	1）1840~1895 年 2）1895~1919 年 3）1919~1937 年 4）1937~1949 年
赵国文	《中国近代建筑史的分期问题》	1987（《华中建筑》1987/2）	1）1840~1863 年（肇始期） 2）1864~1899 年（工业发展期） 3）1900~1927 年（组织建立期） 4）1928~1948 年（第一实践期） 5）1949~1977 年（第二实践期）
陈朝军	《中国近代建筑史（提纲）》	1992（《第四次中国近代史研讨会交流论文》，重庆）	1）1840~1853 年（五口通商时期） 2）1853~1865 年（殖民内侵时期） 3）1865~1894 年（同治中兴时期） 4）1894~1911 年（瓜分豆剖时期） 5）1911~1924 年（民族复兴时期） 6）1924~1937 年（技术进步时期） 7）1937~1949 年（抗日战争时期） 8）1949~1959 年（尾声）
陈纲伦	《"从殖民输入"到"古典复兴"——中国近代建筑的历史分期与设计思想》	1991（《第三次中国近代建筑史研讨会论文集》，中国建筑工业出版社）	1）19 世纪中叶~20 世纪初："殖民输入"期 2）1909~1926 年转折："国际折中主义"期 3）1926~1933 年结束："古典复兴"期
杨秉德	《中国近代城市与建筑》	1993（中国建筑工业出版社）	1）1840~1900 年：初始期 2）1900~1937 年：发展盛期 3）1937~1949 年：凋零期
邹德侬	《中国现代建筑史》	2003（机械工业出版社）	1920 年代末~1940 年代：现代建筑发源及弱势时期（归并入中国现代建筑史）
邓庆坦	《图解中国近代建筑史》	2009（华中科技大学出版社）	1）1840~1900 年（初始期） 2）1901~1927 年（发展期） 3）1927~1937 年（兴盛期） 4）1937~1949 年（凋零期）

图 3-1 刘亦师整理的现有的中国近代建筑分期方法

民国时期的南京进行了符合科学、颇为兴盛的规划及建筑活动。近代民族形式作为南京地区近代建筑的主流样式，更因其建筑群体数量之多、规模之大、体系之完善、艺术成就之高而成为全国之冠，并为中国其他城市的近代建筑初级范式作出了初步探讨。南京的近代建筑，是以往近代民族形式建筑相关研究的主要研究对象之一，最能体现中国近代建筑"酌古参今、兼容中外"的时代特征。

在接下来的部分，本书将以 1912～1949 为主要时段，以南京为主要地域，以官式建筑为主要功能类型，观照同时代其他地区的相关建筑，对近代民族形式建筑进行深入讨论并予以客观评价。

第二节　南京民国建筑

一、南京建筑的历史沿革

南京素有"江南佳丽地，金陵帝王州。逶迤带绿水，迢递起朱楼"的美誉，在我国历史发展中占有非常重要的地位，兼容南北是其最大的文化特点。

中国古代历史上的南京城，共经历了三次发展高潮，分别是在以东吴、东晋、宋、齐、梁、陈合称的六朝时期，五代十国时期的南唐国以及明代洪武年间。南京在古代历史上的兴衰，跟是否在此地建都有非常大的关系。除此之外，南京南北中枢的地理位置，也是影响其形成一种包容、宽松的人文环境的主要条件。这些历史因素不但塑造了南京的地域文化特征，也影响了南京在近代时期的发展。作为我国长江流域古代都城的代表，南京的城市规划思想非常独特，是"乐和利序"与"天材地利"两种体系的结合。

南京地区现存的古代建筑遗存，以明清时期的为主，可分为官衙建筑、公共建筑、宗教纪念建筑、民居园林建筑、军事建筑以及陵寝建筑六种类型。

在建筑研究中，明清两代常被看作一个统一的阶段，主要是因为这两代在建筑风格上有很强的共性和延续性。梁、柱、檩的直接结合是明清建筑的突出特点，斗栱的承重作用在此时被降到最低；建筑结构得到了大量简化，建筑外形轮廓变得简练拘束；彩绘纹样等装饰趋于繁复奢华，建筑的符号性大大增强。

这一时期的南京建筑，主要特征是兼容南北、大气从容。作为明代的第一个首都，南京地区由官方主导营造的建筑，均体现了北方官式建筑的大气恢宏。如南京城墙，是现在中国规模最大、保存原真性最为完好的明代城墙。同时，南京还保存了中国古代最大的砖质城堡"瓮城式"城门——中华门。

在以木结构体系为主的中国古代，砖石拱券技术虽然很早就已出现，但主要是用在墓室以及桥梁等特殊空间中，而始建于明代、坐落于南京紫金山灵谷寺中的无梁殿（现国民革命军阵亡烈士祭堂），则是现存中国古代建筑中最大的一座采用拱券技术的地上建筑。

明清时期祭祀建筑众多，南京作为"前都"，存有多处大型庙坛，如夫子庙、六合文庙、江浦文庙等；此时宗教建筑多以佛教建筑为主，保存较为完好的如鸡鸣寺、毗卢寺、龙泉寺等；另外，南京自古以来极为重视教育，因此南京地区还遗留了大量古代教育文化建筑如夫子庙、江宁府学、崇正书院、明德书院等。

自永乐迁都后，随着南京政治中心地位的丢失，北方官式建筑的影响也在衰退，与此同时，江南地区建筑的地方性在不断扩大。明末出现了我国历史上第一部造园论著——《园冶》，江南私家园林成了我国明清时期最具代表性的一种建筑类型。

江南园林注重表现空间的组合、延续和层次，强调效仿自然山水的意境，是我国传统文化及审美情趣的完美体现，南京地区的著名园林有皇家园林玄武湖，以及江南四大园林之一的瞻园。

在民居建筑方面，南京明清民居杂糅了北方官式风格与江南民间风格，并有很重的徽派建筑痕迹。结构多为穿斗式木构架，不用梁，而以柱直接承檩；外围砌较薄的空斗墙或编竹抹灰墙，屋顶结构较薄，檐口较长。南京明清民居多为清水砖墙，这与徽派建筑有所不同，体现的是北方建筑的质朴。南京高门大宅都有很高的风火山墙，有三山、五山之分，功能上可以阻挡火情，为两院之间的巷弄制造荫凉；观瞻上更使得看似寡淡的民居建筑层层叠叠，韵律感十足。

南京地区现有沈万三故居、魏源故居等明清时期保留下来的独立府邸，以及杨柳村古建筑群，还有少量临近水源的河房。

1858 年中法《天津条约》曾规定将南京开辟为通商口岸，但由于彼时的南京正是太平天国的都城，因此并未如约开埠。时间推至 1899 年，南京的下关地区正式开辟商埠，设金陵关。虽然成为通商口岸，但由于南京从未设立过外国租界，其近代化进程远远落后于上海、天津、汉口等地。19 世纪中期，下关逐渐成为南京近代市政设施建设最为集中的地区，也是南京最先进行近代化的地区，这一时期，西方的民间资本在下关地区建成了和记洋行、太古洋行、扬子饭店等商业建筑，多为外国设计师主持设计，以西方古典式为主要风格。

二、民国时期的首都

1911 年 10 月 10 日，武昌起义爆发。1911 年 12 月，孙中山转经香港回国主持大局，同月 25 日，中华民国南京临时政府成立。1912 年 1 月 1 日，孙中山在南京原两江总督署就任中华民国临时大总统。

1912 年 2 月，时任清政府内阁总理大臣的袁世凯逼迫清帝退位，紧接着，孙中山辞去临时大总统职位，由袁世凯接替。孙中山虽再三要求保留南京的首都地位，但袁世凯还是坚持留在北京，并于同年 3 月在北京宣誓就职，于是临时政府迁往北京，开始了中华民国史上北洋政府统治时期。[①]

在这一阶段，全国处于军阀混战之中，南京则仍处于太平天国运动后缓慢发展的时期。

1927 年 3 月 23 日，北伐军攻克南京；4 月 18 日，南京国民政府正式成立。复都后，"化外郭以内地为南京市，设市政府，直隶国民政府行政院。外郭外地为江宁县，隶江苏省政府。"[②] 1929 年南京更名为首

① 苏则民．南京城市规划史稿［M］．北京：中国建筑工业出版社，2008：238．
② 叶楚伧，刘诒征．首都志·卷一·沿革［M］．南京：正中书局，民国二十四年．

都特别市，江苏省政府移至镇江，1930 年更名为首都市，将市政府设在夫子庙金陵路 1 号，即江南贡院，以明远楼为其大门。[①]

南京作为历史上多个朝代的首都，无论在经济、地理、文化上都占有非常重要的地位，孙中山曾在其重要的著作《建国方略》中这样评价南京："南京为中国古都，在北京之前，而其位置乃在一美善之地区。其地有高山，有深水，有平原，此三种天工，钟毓一处，在世界中之大都市诚难觅如此佳境也。而又恰居长江下游两岸最丰富区域之中心，……当夫长江流域东区富源得有正当开发之时，南京将来之发达无可限量也。"[②]从旧朝故都到民国首都，南京终于迎来了其历史发展中第四个重要的时期。

1928 年 1 月，蒋介石正式在南京复职。外交上，在日本不断增强的侵略威胁面前，南京政府最终抛弃了联日外交，转而寻求能与日本抗衡的西方国家，尤其是与美国建立了较为密切的关系[③]，并在经济、文教以及城市建设等方面取得了很大的成果。

定都首先带来的是人口的迅速增长，"1920 年南京人口数为 39.21 万人。定都后，人口以 36 万为起点快速攀升，1930 年为 49.75 万人，到 1937 年 6 月，全市有 20.16 万户，101.545 万口"。[④]这时的南京，各行业从业人员比例相对固定，形成了女性远少于男性且从业比例较低、产业工人少而服务业发达的特点。[⑤]

①苏则民．南京城市规划史稿［M］．238.
②贺云翱．南京历史文化特征及其现代意义［J］．南京社会科学，2011（5）：125-133.
③李新主编．中华民国史：卷2［M］．北京：中华书局，1987：366-375.
④南京市地方志编纂委员会．南京市志1：总述、大事专记、地理、人口、环保［M］．北京：方志出版社，2010：434.
⑤李新主编．中华民国史：卷2［M］．484-486.

民国时期，南京地区的近代工业进入了一个新的发展阶段。首先是原有的金陵机器制造局、金陵电灯官厂等晚清政府主持兴建的民族工业得到了发展；其次，由于近代化进程的发展需要，南京出现了很多新兴行业，其中碾米业、矿业、印刷业、化学工业等都取得了不俗的成绩。南京还出现了开埠以来第一家外资工厂——英商南京和记洋行，在原料进厂、加工制造、包装运输上成套匹配，成为当时南京地区最大、最先进的食品加工工厂，工人多达 5000 余人，在中国食品加工中享有霸主地位。和记洋行于 1916 年至 1922 年先后四次扩建，占地面积达 13.5hm^2，厂内共有多层建筑 16 座，有明显的折中主义建筑特征。

建筑业在这一时期也有较快的发展，1921 年，在南京附近创立的中国水泥厂，初创时投资即达百万元，待该厂建成投产，当年产量就达到 2172t；此外，南京还分别于 1912 年、1921 年先后成立了谈海砖瓦厂和征业机器洋瓦厂。

在商业方面，南京传统丝织品陷入萧条，取而代之的是针织品和布匹的销售逐渐兴盛；南京曾是长江下游规模最大的木材集散地，由于中国传统建筑体系在这一时期的转变，木材业由盛转衰，"光绪三十四年（1908 年）到 1926 年间，南京上新河木材市场销售量为 35 万两，只有同治八年（1869 年）至光绪三十三年（1907 年）期间年销售量的一半多"[①]。

南京的服务业较之前也有了长足的发展，兴建了许多大型百货公司、饭店、影剧院，比较著名的如福昌饭店（1933 年）、中央饭店（1929 年）、首都饭店（1932 年）、中央商场（1927 年）、大华大戏院（1935 年）等。

随着南京民族工商业的较快发展，金融业方面也有了一定的进步。民国时期，南京的银行业得到了极大的恢复和发展，先后建有中国银行南京分行、交通银行南京分行、江苏银行南京分行等。

交通通信业作为近代历史上由西方传入的近代文明的一部分，在中国的起步阶段是非常艰难的。中华民国临时政府成立后，1912 年在南京设立马路工程处，负责南京的道路建设，1923 年至 1926 年，南京市内共修建石子路、碎砖路等 191km，市郊也修建了简易公路 110km。此时的航运也由于欧美轮船公司无暇东顾而赢得了较快发展。[②] 1930 年下关火车站进行重建，1947 年进行扩建，由我国近代著名建筑师杨廷宝主持设计，该建筑空间科学合理，在南京作为民国首都期间发挥了巨大作用。

通信方面，民国期间的南京，先后设立了南京、鼓楼、下关、浦口等 4 个电报局，另外还有南京电信局、建康路邮电支局等，并先后增加了汽车邮运和航空邮运。

至此，南京成为我国近代水陆交通的重要枢纽，出现了各行业发展全面开花的繁荣景象。

① 南京市地方志编纂委员会. 南京物资志[M]. 北京：中国城市出版社，1993：22-23.
② 苏则民. 南京城市规划史稿[M]. 250.

第三节　相关建筑的现状

　　南京现存民国建筑数量众多。观照本书以官式建筑为主要功能类型的研究对象，据笔者调研统计，相关民国建筑共计48处（单位），超200座（单体建筑），分布在南京市的鼓楼区、玄武区、建邺区、秦淮区及江宁区，其中以鼓楼区、玄武区的遗存最为丰富。在这48处建筑单位中，共有42处文物保护单位，其中20处全国重点文物保护单位，12处省级文物保护单位，9处市级文物保护单位，1处区级文物保护单位。

　　对于南京民国建筑的调查统计，前人已经做过大量的工作，但以往的材料主要将注意力放在对各单体建筑的统计整理上，而对不同群组内各单体建筑的数量、建筑特征、相互关系则介绍得较为含糊。笔者在前人的基础上，对此做了规范的整理，基本按照以下的层次顺序展开（表3-1）。

　　1. 本书涉及的南京民国建筑，是指在1840～1949年间建造的，外形上能够明显地体现传统民族建筑的部分特征，且结构、技术、材料能够体现近代建筑特性的建筑。民国时期南京的一些延续传统木结构体系的建筑，以及部分不改变历史建筑主要特征的修缮项目，如国民政府考试院武庙大殿，总统府大堂、二堂，国民革命军阵亡烈士公墓无梁殿等，均不列入本书材料整理范围内。

　　2. 本书以现存民国建筑的曾用名作为资料整理中建筑的主要名称，以现用名为次要名称。这样做能够体现建筑的原本功能，对总结建筑形式、功能、材料、技术甚至分布之间的规律有较大帮助。

表 3-1

南京民国建筑（群体）用例表

序号	曾用名	现用名	建造时间（年）	群落布局	建筑师	所在区域	功能性质	保护级别
①	江苏咨议局	南京警备区司令部所在地	1909	不详	孙支厦	玄武区	政治类	全国重点文物保护单位
②	总统府	总统府	1910~1935	多轴线式布局	卢树森（部分）	玄武区	政治类	全国重点文物保护单位
③	金陵大学	南京大学	1912~1935	西方三合院式	帕斯金事务所 杨廷宝（部分）	鼓楼区	文教类	全国重点文物保护单位
④	道圣堂	南京市第十二中学	1915	自由式布局	不详	鼓楼区	文教类	南京市文物保护单位
⑤	金陵女子大学	南京师范大学	1921~1934	中轴对称合院式	墨菲 吕彦直	鼓楼区	文教类	全国重点文物保护单位
⑥	中山陵	中山陵	1925~1929	中轴对称传统 帝陵式	吕彦直	玄武区	政治类	全国重点文物保护单位
⑦	北极阁气象台	江苏省气象台、江苏省 气象科学研究所等	1928~1930	传统园林式	不详	玄武区	文教类	江苏省文物保护单位
⑧	国民党励志社总社	钟山宾馆	1929~1931	中轴对称式	范文照、赵深	玄武区	政治类	全国重点文物保护单位
⑨	国民革命军遗族学校	解放军南京军区 前线歌舞团等	1929	西方三合院式	朱葆初	玄武区	文教类	南京市文物保护单位
⑩	国民政府 行政院、铁道部、粮食部	解放军南京政治学院	1929~1933	自由式	华盖事务所 范文照、赵深	鼓楼区	政治类	全国重点文物保护单位
⑪	中央体育场	南京体育学院	1929~1931	中轴线 不完全对称式	杨廷宝	玄武区	文教类	全国重点文物保护单位

续表

序号	曾用名	现用名	建造时间（年）	群落布局	建筑师	所在区域	功能性质	保护级别
⑫	国民政府交通部	解放军南京政治学院	1930～1934	自由式	耶朗（俄国）	鼓楼区	政治类	全国重点文物保护单位
⑬	国民政府考试院	南京市人民政府／政协／人大／市委办公地	1930～1949	双轴线自然式	卢毓骏	玄武区	政治类	全国重点文物保护单位
⑭	国立中央研究院	中科院江苏省分院等单位	1931～1947	传统园林式	杨廷宝	玄武区	文教类	全国重点文物保护单位
⑮	国民革命军阵亡将士公墓	灵谷公园	1931～1935	中轴对称式	墨菲	玄武区	政治类	全国重点文物保护单位
⑯	小红山官邸	美龄宫	1931～1934	自然式	赵志游	玄武区	其他类	全国重点文物保护单位
⑰	谭延闿墓	谭延闿墓	1931～1933	传统园林式	朱彬、关颂声、杨廷宝	玄武区	政治类	全国重点文物保护单位
⑱	国立中央研究院天文研究所天文台	紫金山天文台	1931～1934	自然式	杨廷宝	玄武区	文教类	全国重点文物保护单位
⑲	中山陵附属建筑群	中山陵附属建筑群	1931～1947	自然式	卢树森、杨廷宝、刘敦桢、顾文钰、赵深	玄武区	政治类	南京市文物保护单位
⑳	中央医院旧址	南京军区总医院	1931～1933	无	杨廷宝	玄武区	工商类	江苏省文物保护单位
㉑	原中央宪兵司令部	航天管理干部学院	1932	自由式	不详	秦淮区	政治类	南京市文物保护单位
㉒	周佛海公馆	无	1932	无	不详	鼓楼区	其他类	南京市文物保护单位
㉓	国民政府外交部	江苏省人大常委会等	1932～1933	图形式	童寯	鼓楼区	政治类	全国重点文物保护单位
㉔	华侨招待所	议事园宾馆	1933	无	范文照	鼓楼区	工商类	江苏省文物保护单位

续表

序号	曾用名	现用名	建造时间（年）	群落布局	建筑师	所在区域	功能性质	保护级别
㉕	江宁自治县人民政府	江宁区政府大门	1933	不详	不详	江宁区	政治类	
㉖	管理中英庚子赔款董事会	南京市鼓楼区政府	1934	自由式	杨廷宝	鼓楼区	政治类	南京市文物保护单位
㉗	陵园邮局	邮政展览馆	1934	中轴对称式	不详	玄武区	工商类	江苏省文物保护单位
㉘	中国国货银行	南京市邮局新街口支局	1934~1936	无	奚福泉	鼓楼区	工商类	江苏省文物保护单位
㉙	金城银行别墅	马歇尔公馆	1935	无	童寯	鼓楼区	其他类	江苏省文物保护单位
㉚	三民主义青年团中央团部	无	1935	不详	不详	鼓楼区	政治类	鼓楼区文物保护单位
㉛	金陵兵工厂	晨光 1865 科技创意产业园	1935	自由式	不详	秦淮区	工商类	全国重点文物保护单位
㉜	国民大会堂	人民大会堂	1935~1936	无	奚福泉	玄武区	政治类	全国重点文物保护单位
㉝	国民党中央党史史料陈列馆	中国第二历史档案馆	1935~1936	中轴对称式	杨廷宝	玄武区	政治类	全国重点文物保护单位
㉞	国立美术馆	江苏省美术馆旧馆	1935~1936	中轴对称式	奚福泉	玄武区	文教类	江苏省文物保护单位
㉟	诺娜塔喇嘛庙	无		自然式	不详	玄武区	文教类	南京市文物保护单位
㊱	国立北平故宫博物院南京古物保存库	朝天宫古物保存库	1936	无	赵深、陈植	建邺区	文教类	
㊲	原荷兰大使馆	南京 772 厂 18 分厂办公室	1936	无	不详	鼓楼区	政治类	江苏省文物保护单位
㊳	陶锡山公馆	南京军区老干部活动中心	1936	无	不详	鼓楼区	其他类	江苏省文物保护单位

续表

序号	曾用名	现用名	建造时间（年）	群落布局	建筑师	所在区域	功能性质	保护级别
39	国民党中央监察委员会	南京军区档案馆	1936~1937	中轴对称式	杨廷宝	玄武区	政治类	全国重点文物保护单位
40	国立中央博物院大殿	南京博物院	1936~1950	中轴局部对称式	徐敬直、李惠伯、梁思成	玄武区	文教类	江苏省文物保护单位
41	国民政府立法院及监察院	南京市军人俱乐部	1937	中轴对称式	不详	鼓楼区	政治类	江苏省文物保护单位
42	和平塔	汪伪政府还都纪念塔	1941	无	不详	玄武区	政治类	南京市文物保护单位
43	何应钦公馆	南京大学国际合作与交流中心	1945	无	不详	鼓楼区	其他类	江苏省文物保护单位
44	国民政府资源委员会	南京工业大学虹桥校区	1947	自由式	杨廷宝	鼓楼区	政治类	南京市文物保护单位
45	国民政府蒙藏委员会	南京市第二十三中学大门	不详	轴对称合院式	不详	秦淮区	政治类	南京市文物保护单位

说明：

1. 这份表格中的内容以本书讨论范围以内涉及的建筑群体为单位展开，罗列了各建筑群的基本信息。
2. 表中建筑的排列均按照各单位建筑群始建年代的先后顺序进行。有的单位如总统府建筑群，其单体建筑修建时间跨度较大，此类情况，以最早建成的一栋为整个建筑群的排序依据。
3. 在对建筑功能性质的判断上，则以该建筑群的主要性质为准。比如金陵大学、金陵女子大学等单位，群组内也有宿舍等住宅型建筑，但整体还是按照其高等学府的定位被算作文教类建筑。
4. 各群中南京民国建筑的数量有所不同，凡与本书研究有所关联的，都纳入此表格。
5. 个别不存在群组关系的建筑单位，其基本信息凡涉及本表格调研范围的，也同样在此用例总表中予以体现。

一、南京民国建筑的分布

南京现存民族形式建筑的分布，主要可以划分为三大区域：第一片区是以中山北路、中山路、中山东路组成的中山大道沿线；第二片区是指围绕北极阁山地，北起台城、南至长江路这一区域，主要可以统称为北京东路、长江路沿线；第三片区则以中山陵为主要辐射范围。

1. 中山大道沿线

中山大道，也被称为"民国子午线"，是国民政府定都南京初期，为迎接孙中山先生灵榇而特意修建的一条道路。这条路修建于1928年，由南京下关码头开始，经挹江门、鼓楼、新街口、朝阳门，最终止于中山陵。全长约13km，路幅40m宽，是南京国民政府成立初期修建的最重要的一条道路，在之后的发展中，它直接影响了南京市区格局的形成。

中山大道为当时南京市道路设计中最为先进的一条，双向四车道，快车道宽10m，慢车道宽6m，其间绿岛宽4m，绿岛内植悬铃木两排，两侧人行道各宽5m，植悬铃木一排。一期工程赶在1929年6月1日孙中山先生奉安大典之前竣工，随后于1932年、1935年、1936年在中山大道北段、中段铺设了慢车道。

中山大道分为北段、中段和东段，主要是因为这条由下关码头延伸过来的路线，需经过鼓楼与新街口两处转折点，这两处节点恰好将整条大道分成了三部分，南京国民政府也在随后将这两处节点规划成城市广场。新街口广场始建于1930年11月，1931年1月完工，平面外方内圆，长宽均为100m，用地面积1hm^2，曾被称为"第一广场"，至今仍是南京市市中心所在地；鼓楼广场则位于北京东路、北京西路、中山路、中山北路、中央路五条道路的交汇处，1934年，国民政府在此围绕南京鼓楼修建了一处长42m、宽18m的椭圆形环岛，并开辟五个出入口，此格局沿用至今，目前仍是南京市中心重要枢纽。

本书调研范围内的民国建筑中，处于中山大道沿线的共有19个单位49座建筑。

2. 中山北路

中山北路位于中山大道上下关码头至鼓楼这一段，为西北、东南走向，全长 5.5km，其中以山西路广场为比较繁忙的枢纽节点，湖南路、山西路等次级道路也被归为中山北路区域。中山北路主路上，由北向南依次分布的近代民族形式建筑有道胜堂旧址、国民政府行政院旧址、粮食部旧址、国民政府交通部旧址、国民政府资源委员会旧址、国民政府立法院及监察院旧址、华侨招待所旧址、国民政府外交部大楼旧址。另有位于山西路上的管理中英庚子赔款董事会大楼、西流湾巷弄里的周佛海公馆、老菜市街的荷兰大使馆，因位置关系，也算在中山北路范围内。从材料的整理中不难看出，中山北路沿线的近代民族形式建筑，以国民政府主持修建的行政机构为最多。在《首都计划》中，紫金山南麓曾因"处于山谷之间，在二陵之南，北峻而南广，有顺序开展之观，形胜天然，具神圣尊严之象"[①]，而被看作是中央行政区所在地的最佳位置，而中山北路上依次分布的政府类建筑之多，则印证了《首都计划》最终实施时的变故。

3. 中山中路

中山中路始于鼓楼广场，止于新街口广场，为南北走向，是中山大道上较短的一段，全长约 2.5km。在此道路上由北向南依次分布着三民主义青年团中央团部旧址大门、中国国货银行旧址两处近代民族形式建筑旧址。由于中山中路位于城市中心位置，环境较为喧闹，政府机构并不适于在此设立，因此此类型出现的也较少。另外坐落于汉口路的金陵大学建造时间为南京国民政府成立之前，选址时并未受到中山大道的影响，中山大道的修建甚至打破了其干河沿校区与鼓楼岗校区之间的轴线关系。因其位置关系，也算作中山中路沿线建筑。

4. 中山东路

中山东路西起新街口，东止于中山陵，全长约 5km。其沿线的明故宫一带，曾被《首都计划》列为中央行政区所在地候选之一，后因为地形过于平坦，缺少雄伟历史胜迹而被否定。《首都计划》中，对明故宫一带以北的定位是南京火车总站所在地，而火车站以北则为繁荣的商业区，但是此规划在日后并没有得到实现。中山东路现存民族形式建筑，由西至东依次为中央医院旧址、励志社旧址、中国国民党中央党史史料陈列馆旧址、国民党中央监察委员会旧址、原国立中央博物院五处单位，可见部分行政机构还是鉴于明故宫一带开阔的地理环境而选择坐落于此。

5. 北京东路、长江路沿线

北京东路与长江路是台城—北极阁—长江路范围内东西走向的两条几乎平行的道路，它们虽属于次级道路，却拥有相当数量的中西混合式建筑，共有 6 处单位 23 座。

两条道路中，北京东路位于长江路的北边，西起鼓楼广场，沿北极阁山脚下向东延伸，其前身为 1895 年晚清政府修筑的保泰街，于 1933 年扩建，延至龙蟠中路，全长约 3km。在该路上，由西向东分布着国立中央研究院气象研究所气象台、国民政府考试院、国立中央研究院旧址三组建筑群。

另一条是西起中山路，东至毗卢寺的长江路，其长度约为 2km，由西向东坐落着国民大会堂旧址、国立美术馆旧址、总统府三处建筑。北京东路与长江路上的中西混合式建筑，以科研、文化机构为主。《首都计划》当中，原定将文化、科教类建筑集中在鼓楼、五台山一带，此方案最终没有得到执行，文化、科教类建筑实际上围绕着北极阁、紫金山两处自然景观，分散在北京东路、长江路沿线。该区域有鸡鸣寺、毗卢寺等宗教建筑遗址；国民政府考试院原址又是明代武庙所在地，这与最终选址可能存在一定的关系。

6. 紫金山中山陵园区

1925 年，孙中山先生在北京病逝，按照孙先生临终前所提出的安葬在南京紫金山的遗愿，总理葬事筹备委员会即赴紫金山勘察地形。在先后勘察了明孝陵西侧的虎山、明孝陵东侧的中茂坡、紫霞湖上的平台等地之后，葬事筹备委员们一致认为明孝陵以东的紫金山中茅山坡地最为合适。在确定了安葬地之后，葬事筹备委员会在世界范围内悬奖征集陵园设计方案，经过多方比较和评判，最终青年建筑师吕彦直的作品胜出。葬事筹备委员会在征求条例中，针对中山陵祭堂的设计，提出了"须采用中国古式而含有特殊与纪念之性质"的要求，而吕彦直的方案被公认为是最符合委员会要求的设计。

在设计中，吕彦直采用中国传统陵墓的基本形制，对中山陵进行规划，以此体现建筑的纪念性质。在单体建筑上，他借鉴与亨利·墨菲共事时的经验，采用中国北方官式建筑为主要造型母题，以体现"中国古式"的要求，并按照西方纪念建筑的比例对中山陵主要建筑进行构图；在用色上，他摒弃中国传统建筑的用色，选择国民党党徽与旗帜中的主色——蓝色，以此象征孙中山先生的浩然正气。此项目落成后，成了整个南京地区的标志性建筑，至今仍是我国最为重要、最具代表性的建筑之一。

在吕彦直的方案最终确定之后，葬事筹备委员会计划在中山陵区修建更多的附属配套建筑以示纪念，其中要求建筑的形式与风格必须统一，因此，中山陵区内存在着较多的中西混合式建筑遗存。目前仍旧保留下来的有中山陵、藏经楼、中山陵音乐台、中央体育场、国民革命军阵亡将士公墓、谭延闿墓、小红山官邸、陵园邮局、正气亭、行健亭、仰止亭、光化亭、流徽榭几处。除此之外，作为天文研究使用的紫金山天文台、教育机构国民革命军遗族学校也因位于中山陵区内，以维持陵区建筑风貌的一致性为由，被陵园管理委员会要求采用"中国古式"。

在将中山陵附属建筑算作一个群体的情况下，该区域内的现存中西混合式民国建筑共有 10 处单位 31 座，其中以祭祀、纪念、礼制类建筑为主。

7. 其他

除了以上三处较为集中的区域，南京市内还有部分中西混合式民国建筑散落于其他街区。其中有位于秦淮区瞻园路的原中央宪兵司令部大门，位于江宁区上元大街 369 号的江宁自治县人民政府大门，位于鼓楼区宁海路 122 号的金陵女子大学建筑群，建邺区王府大街朝天宫旁的国立北平故宫博物院南京古物保存库等。

总的来说，中山大道沿线主要集中着行政公署类建筑，北京东路与长江路沿线主要集中着科教文化类建筑，紫金山中山陵区内则主要集中着礼制纪念类建筑。这种分布规律与《首都计划》中的要求有很大的出入，但在建筑形式的选择上，却与《首都计划》中的规定较为一致。这些建筑中的大部分是由国民政府支持修建的，这里统称为官式建筑。除此之外，还有个别私人住宅也采用了此形式，现存的有位于宁海路的马歇尔公馆、位于今南京大学鼓楼校区内的何应钦公馆、位于颐和路的阎锡山公馆（图 3-2）。

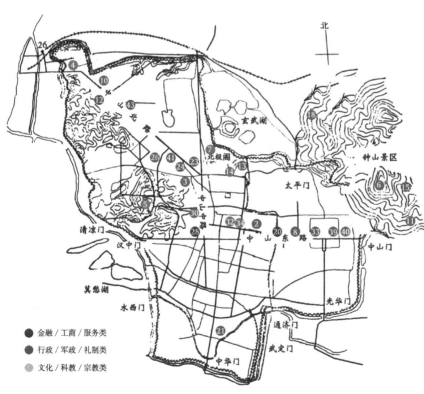

● 金融／工商／服务类
● 行政／军政／礼制类
● 文化／科教／宗教类

3 金陵大学	13 国民政府考试院	28 中国国货银行
4 道圣堂	14 国立中央研究院	30 三民主义青年团中央团部
5 金陵女子大学	15 国民革命军阵亡将士公墓	32 国民大会堂
6 中山陵	18 国立中央研究院天文研究所天文台（紫金山天文台）	33 国民党中央党史史料陈列馆
7 北极阁气象台	20 中央医院旧址	34 国立美术馆
8 国民党励志社总社	21 原中央宪兵司令部	39 国民党中央监察委员会
10 国民政府行政院、铁道部、粮食部	23 国民政府外交部	40 国立中央博物院大殿
11 中央体育场	24 华侨招待所	41 国民政府立法院及监察院
12 国民政府交通部	26 管理中英庚子赔款董事会	44 国民政府资源委员会

图 3-2 南京民国建筑（部分）分布图

二、南京民国建筑的分类

建筑作为人类社会物质文明和精神文明的共同产物，较其他艺术而言，具有更为复杂的属性。通过分类的方法认识建筑，寻求其中的秩序与规律，是科学研究的基础。

建筑的类型学产生于 18 世纪，它首先是一种认知和判断的方式，旨在把一个连续的、统一的系统作分类处理，并将此方法用于建筑研究。[1] 18 世纪末到 19 世纪初，建筑开始不再仅仅是艺术的一支，更是"科学和艺术"的结合；而建筑师也不再仅仅只是为国王、教会和领主服务，而拥有了更加广泛的、各式各样的服务对象。需要精心设计的建筑从早期的宫殿、教堂、庄园等扩展为学校、法院、医院、商业机构以及私人住宅等，建筑作为设施和设备的概念为人们所接受，这也要求建筑师设计的时候，需要根据建筑的不同性质给出更加具有针对性的建议。18 世纪之后建筑实用性问题的扩展，使得建筑学的基本原则开始朝两个方向发展：一是注重基本形式和体量所带来的感受，一是强调建筑的功能性要素。[2]

在前人研究的成果中，针对民国建筑，主要的分类方法有三种。第一种，以卢海鸣、杨新华编著的《南京民国建筑》为代表，采用的是依照建筑的功能性质进行分类的方法，其分类几乎涵盖了南京现存的所有民国建筑，这部著作是相关研究中最全面、对建筑背景讲述最为充分的一部，也是目前相关领域史料性最强的一部。第二种，以张燕主编的《南京民国建筑艺术》为代表，则是按照近代历史的发展阶段对建筑进行划分。在书中，作者重点对所掌握的民国建筑的艺术特征进行了描写，配图详细、多样，同样具有很强的数据性。以上两种分类，由于作者的任务和目的不同，表现出不同的侧重，都具有一定的合理性，也对后人研究有很重要的启发，作者的分类和研究也比较好地完成了其研究目标。但以上两部著作，更倾向于关注南京民国建筑的社会及文化背景，在一定程度上忽略了对建筑本身的剖析。第三种，以刘先觉先生在《中国近代建筑总览·南京篇》中的方法为代表，将民族形式建筑分为"中国传统宫殿式的近代建筑"及"新民族形式的建筑"两类。这种分

① 吴绉彦. 分类学与迪朗的建筑类型学［J］. 建筑与文化，2014（5）.
② 同上.

类方法也是前人研究中被广泛肯定的一种。

本书认为，因为"建筑"复杂而综合的特别属性，使用单一的分类方法，是无法将本书研究的相关建筑分析透彻的。在这里，笔者将提供一种复合式分类方法，按照这一批建筑的功能性质、材料技术、平面布局、基本外形四个方面进行分类分析。建筑的基本外形在本复合式分类法中将作为主要分类依据，而建筑的功能性质、材料技术、平面布局则为辅助分类依据。

复合式分类法是本书的首次尝试，不曾出现在以往出版的相关书籍、理论研究中，这种分类方法有可能不够完善、会产生一些缺漏，谨以此作为一种新的思路，希望为民国时期南京民族形式建筑的后续研究提供一些参考。

1. 功能性质

建筑的实用功能，是其区别于其他艺术类型的一项重要特征。18世纪以后，随着工业革命影响下生产力及生产方式的改变，人类对生活的需求日趋多元化。越来越多承载着不同功能属性的场所开始出现，每一处都需要进行针对性设计，建筑师因此面临着巨大的挑战，尤其是工厂、商场、银行等公共建筑，它们的出现，极大程度上考验了建筑师对个体空间差异的理解，也促进了建筑布局形式、空间组织以及形态面貌的发展。

本书将建筑的功能性质分类放在复合式分类法的首位，主要是想借助大数据的方法了解不同的建筑功能对民国时期南京建筑形式的选择产生了哪些影响，以及近代民族形式建筑在城市建设实践过程中的使用倾向。

在由卢海鸣、杨新华编著的《南京民国建筑》中，南京的近代建筑按照不同的功能属性分为八个类型，分别是：（1）政治·军事机关；（2）科学·教育·文化·卫生·体育机构；（3）市政·交通·电信部门；（4）工商·金融·服务·娱乐·休憩场所；（5）驻华使馆；（6）监狱；（7）官邸·别墅·民居；（8）陵墓以及纪念性建筑。其中既涵盖了近代民族形式建筑，也包括了没有民族特征的西方古典式以及国际式建筑。

在此基础上，笔者根据掌握的实际情况，将相关建筑的功能性质归纳为以下几类：

1）政治类

南京作为民国时期国民政府的首都，是全国的政治、军事中心。1928年，国民政府定都南京之后，建立了由考试院、监察院、行政院、立法院、司法院五院构成的新政府。在权力最高的行政院之下，又成立了铁道部、军政部、财政部、实业部、教育部、内政部、外交部、交通部和司法行政部等部门，南京随即成为中国范围内拥有最多政府机构的城市。除此之外，礼制作为一个国家文化信仰、价值观念核心和行为规范的综合体现，服务于它的建筑物，必然是一个社会最重要、最具文化象征意义的物质空间。礼制建筑在精神层面上，与政府办公建筑一样，对维系政权稳定起着很大的作用。

国民政府在《首都计划》中尤其对政治区的建筑做出了"宜尽量采用中国固有之形式，凡古代宫殿之优点，务当一一施用此项建筑，其主要之目的，以崇宏壮丽为重，故在可能范围以内，当具伟大之规模"[①]的要求。参照前面民国建筑用例表可发现，在总共45处单位中，政治类有22处，占比近50%，其中 ⑥ 中山陵、⑩ 国民政府行政院、铁道部、粮食部、⑬ 国民政府考试院、⑮ 国民革命军阵亡烈士公墓、㉖ 管理中英庚子赔款董事会、㉝ 国民党中央党史史料陈列馆、㊴ 国民党中央监察委员会、㊶ 国民政府立法院及监察院等单位中均以大屋顶式建筑为主，而 ㉓ 国民政府外交部、㉜ 国民大会堂等建筑则采用了西式平屋顶。

2）文教类

孙科曾经在《首都计划》的绪论中说："首都之于一国，实亦文化精华之所荟萃。"鸦片战争之后，国人逐渐认识到西方现代科学的重要作用，教育及文化的普及得到高度重视。

南京作为首都，是一个国家的文化中心，该时期文教类建筑在相关建筑中也占有较大的比重，共计12处，其中，以大屋顶式建筑为主的

①（民国）国都设计技术专员办事处．首都计划［M］．63.

有③金陵大学、⑤金陵女子大学、⑭国立中央研究院、㊵国立中央博物院大殿；以西式平屋顶为主的建筑有⑪中央体育场、⑱国立中央研究院天文研究所天文台、㉞国立美术馆等。

3）工商类

自近代下关地区开埠以来，南京的工商、金融及服务业得到了迅速的发展。《首都计划》曾就此类建筑提出了“因需用上之必要，不妨采用外国形式，惟其外部仍须具有中国之点缀”[①]的要求，因此，这一类建筑的艺术形态上较前两种类型来说，更为灵活和自由。

该类型的民国建筑共有5处，分别是⑳中央医院旧址、㉔华侨招待所、㉗陵园邮局、㉘中国国货银行、㉛金陵兵工厂，除华侨招待所与陵园邮局为中式大屋顶建筑，其他均为西式平屋顶。

4）其他类

这一组建筑类型，涵盖了使馆、公馆等类型，虽然使用功能不同，但是均为实用、小型建筑，且对建筑的外形美观要求更高。比起之前几组公共建筑，在功能性质方面表现得更为私密。尤其是针对公馆、别墅类建筑，建筑师在设计时更加强调的是满足服务对象的个人意愿。这些建筑虽然数量少，但是对研究南京民国建筑的发展非常重要。在《首都计划》中，编纂委员会对此类建筑没有作形式上的特殊要求，使得此类建筑的样式更加轻松、灵活、变化丰富。笔者统计到的与本题有关的南京现存此类建筑共计6处，分别为⑯小红山官邸、㉒周佛海公馆、㉙金城银行别墅、㊲原荷兰大使馆、㊳阎锡山公馆、㊸何应钦公馆，另外，从单体建筑的角度，金陵大学、国民政府行政院等单位中的集体宿舍也可算作此类。

2. 材料结构

不同材质的建筑，其建造方式也有所不同。中国传统木结构建筑，在原材料、建造成本、功能需求等方面已不再适应近代中国的发展需要，因此退出了南京城市建设的主舞台。西方先进技术支持下的新式结

①（民国）国都设计技术专员办事处．首都计划［M］．63.

构，成了民国建筑采用的主要方式。以下就这一时期建筑采用的几种结构类型做一整理。

1）钢筋混凝土结构

钢筋混凝土结构的出现，代表了人类建筑事业走进了一个全新的时代。世界范围内的第一座由钢筋混凝土构成的建筑，于1872年在美国纽约落成。钢筋混凝土结构在1900年之后在工程界得到了大规模的使用。以钢筋混凝土结构模仿传统木结构屋顶的实践，在中国可以称为是一种前无古人的尝试。这种结构方法促进了中国本民族建筑在较短时间内完成自我更新，为中国近代建筑的飞速发展做出了很大贡献。在民国建筑中，钢筋混凝土结构是使用率最高的一种，在南京现存的135座相关建筑中，有64座以钢筋混凝土为主要结构，其中比较重要的建筑有 ⑤ 金陵女子大学、⑩ 国民政府行政院、⑪ 中央体育场、⑫ 国民政府交通部、⑬ 国民政府考试院、⑮ 国民革命军阵亡将士公墓、⑰ 谭延闿墓、⑳ 中央医院旧址等。

2）砖混结构

砖混结构是指建筑的结构主要由砖和混凝土两种材料构成。此类建筑的承重结构中，竖向的墙体以砖砌为主，横向的楼板、屋面等则以混凝土为主。砖混结构是一种主要由砖砌筑而成的结构形式，因此只适用于低矮的、尺度空间较小的建筑。民国时期，南京建筑很少出现尺度较大的高层建筑，建筑往往控制在两到三层，因此，价格较为低廉的砖混结构在这批建筑中也很常见，如 ③ 金陵大学、⑭ 国立中央研究院社会科学研究所、⑱ 紫金山天文台、㉙ 金城银行别墅、㉛ 金陵兵工厂等。

3）砖木结构

砖木结构与砖混结构的原理相似，只是将混凝土材料改为了木材。在此类建筑的承重结构中，竖向的墙体由砖砌构成，而横向的楼板、屋架等则用木结构完成。这种结构的房屋空间分隔较方便，自重轻，并且施工工艺简单，材料也比较单一。不过，它的耐用年限短，设施不完备，而且占地多，建筑面积小，不利于解决城市人多地少的矛盾。早期的南京民国建筑中，也有部分采用砖木结构，如 ④ 道圣堂建筑群，⑧ 国民党励志社总社的一号楼、国民党励志社总社的二号楼，⑨ 国民革命军遗族学校等。

4）其他结构

另外，在南京民国建筑中，还出现了一些其他结构类型。比如中山陵建筑群整体为石质结构，以追求建筑的永恒精神；中山陵附属建筑中的光华亭，材料也为石质，造型采用福建地区的古亭样式。除此之外，木结构屋架与钢混结构的搭配也较常见，如 ⑤ 金陵女子大学的宿舍、⑩ 国立中央博物院大殿都是采用了这种结构。

3. 平面布局

建筑的布局方式与建筑的功能、外在形态有紧密的关系。在古代社会中，无论是西方还是东方，建筑平面的布局主要是受到不同民族、不同文化的影响。比如在中国古代居住建筑中，典型的合院式布局表现的是家国伦理中的内向性和稳定性。根据不同的级别，建筑以间为单位进行不断的扩展，蜿蜒迂回，空间变化丰富多彩。而西方古典建筑中的最高代表，是以教堂为主的宗教建筑。这一类建筑不需要人在其中穿梭行进，主要营造停驻、祈祷的静态环境，因此在平面布局中没有过多的延展性，转而向高处发展。在与本书相关的南京民国建筑中，建筑布局有单体和群组之分，呈现出两个主要倾向：

1）西方古典式布局

西方古典建筑并不如中国传统建筑般讲究群组之间的穿插、围合和秩序，但是在单体建筑的平面中，西方古典建筑却具有更多的变化。常见的如古岁马斗兽场的圆形平面、古希腊剧场中的扇形平面、拜占庭式教堂的希腊十字平面等，在南京近代民族形式建筑中，主要有以下几组例子：

（1）古希腊罗马风格形式

公元前 4 世纪左右，古希腊盛行一种半圆形的露天剧场。这类剧场往往依山而建，根据山势地形，巧妙地设计一种层层升高的建筑看台形式。先天开阔、空旷的自然条件，加上后期利于欣赏的视觉设计，使得此类剧场在功能与环境的营造上取得了极高的造诣，更成为后期剧场建筑发展的源头。坐落在埃皮达鲁斯山东斜坡上的古希腊时期剧场是现今保护得最为完好的一座剧场，杨廷宝先生设计的中山陵音乐台即是仿照这种形式而作（图 3-3）。不同的是，埃皮达鲁斯剧场四周，植被稀少，有利于声音的传播、回荡；而中山陵音乐台所处位置则被郁郁葱葱的植物所环抱，从舞台发出的声音，反射时会很快被四周的绿树所吸收。因此，杨廷宝先生在剧场中央设计了利于声音传播的半月形水池和照壁，对这一剧场形式进行了科学的改良。

原国民政府交通部大楼由俄国建筑师朗耶设计，其平面布局几乎与古罗马卡拉卡拉浴场的主体建筑布局形式一致（图 3-4）。这种目字形的布局形式，常被用于 18～19 世纪欧洲的新古典主义建筑中，主要是因为浴场是古罗马时期非常具有代表性的一种建筑类型，它集行政、娱乐功能于一体，其建筑本身往往施以精美的图案、色彩和绘画。大量兴建公共浴场是古罗马时期奢华、繁荣的社会背景的写照，浴场建筑也是当时建筑艺术的最高代表之一。在这里，建筑师以卡拉卡拉浴场为借鉴对象，主要是基于文艺复兴之后，西方国家重新兴起的对古典艺术的追求，对古罗马时期建筑艺术的崇拜。

金陵大学礼拜堂的平面则参照了巴西利卡式的教堂建筑形制（图 3-5）。巴西利卡是古罗马时期的一种建筑形式，其平面呈长方形，外侧有一圈柱廊，主入口在长边，短边有耳室，采用条形拱券作屋顶。礼拜堂的建筑布局就基本遵循了这种规律。

（2）新古典主义形式

新古典主义建筑是 18～19 世纪西方较为流行的一种建筑形式，中轴线对称布局是其主要特点之一，该类型建筑立面往往呈两翼对称的三段式，常出现左右两边突出的工字形平面形式。南京近代民族形式建筑

图 3-3　中山陵音乐台与古希腊埃皮达鲁斯剧场

图 3-4　原国民政府交通部大楼与卡拉卡拉浴场复原图

图 3-5　西方巴西利卡式基督教堂和金陵大学礼拜堂的比较[1]

[1] 冷天．金陵大学校园空间形态及历史建筑解析［J］．建筑学报，2010（2）．

中，采用此平面布局形式的有 ⑧ 国民党励志社总社的一号楼、国民党励志社总社的三号楼（图3-6）等。

2）中国传统式布局

在中国古代建筑中，建筑的布局变化主要体现在其丰富多样的群组关系中，一般可分为两种平面布局方式。第一种平面布局的特点是建筑群以一条贯穿始终的轴线为中心，主要的建筑物均布置在中轴线之上，而次要的建筑物则坐落在中轴线的两旁。以这种布局形式出现的建筑，庄严、隆重，有很强的秩序感。南京近代民族形式建筑中，多是此类布局方法，如金陵女子大学建筑群、中山陵、中国国民党中央党史史料陈列馆、国民党中央监察委员会旧址等。

原国民党励志社三号楼

意大利维克多·埃曼纽尔二世纪念堂

**图3-6 新古典主义
风格平面布局**

第二种则完全呈现出自然的特征，并没有严格的定式和秩序，而是按照山川形势、地理环境和自然的条件等灵活布局。南京近代民族形式建筑中，也不乏此类布局形式的范例，如国立中央研究院旧址、谭延闿墓等。

4. 基本外形

梁思成先生认为："中国的建筑，在立体的布局上，显明的主要分为三部分：（一）台基、（二）墙柱构架、（三）屋顶；无论在国内任何地方，建筑于任何时代，属于何种作用，规模无论细小或雄伟，莫不全具此三部。"[①]在这种立面"三段式"的基本外观中，传统大屋顶可谓中国古代建筑外形中最显著的特征。它不仅是中国古代建筑等级的象征，也是古代建筑艺术的重要体现。

南京地区带有"中西混合"式特征的民国建筑，在外形上，主要可以围绕是否采用古典式大屋顶而分为两种趋势、三种基本类型。

1）简单混合式

简单混合式建筑在与本题相关的南京民国建筑中并不多见，主要出现在前面提到的"中西混合"式特征的酝酿时期。它的特点是在强烈的西式建筑母题中，以较为隐晦的手法加入传统民族符号；或将与中国传统建筑符号有相似性的西方建筑元素加以变形，使建筑外形上既有很强烈的西式特征，又透露出中式风格的影子。此类型建筑不具有基本范式，也没有固定的设计章法（图3-7）。

2）古典复兴式

"古典复兴式"主要是指在满足新功能、新技术的基础上以北方宫殿式大屋顶为主要形式语言来表现中国固有式特征的建筑。南京地区的古典复兴式建筑，主要见于行政、军政、礼制、宗教、文化、科教等几大功能性质的建筑之上。该类建筑一般为两到三层高，屋顶主要以明清式的古典大屋顶为原型，建筑立面上的装饰以中国传统建筑中的结构构件为主要参考依据，整个建筑比例及构图以借鉴西方古典建筑的方法为主。

① 梁思成. 中国建筑艺术图集［M］. 3.

图 3-7 东京府厅
（上）与江苏咨议
局（下）比较[1]

3）新民族形式

  这一建筑类型由刘先觉先生于 20 世纪 90 年代在《中国近代建筑总
览·南京篇》中提出，书中明确指出这一类型在民国时期也被称为"现
代化民族形式的建筑"。新民族形式建筑放弃了对大屋顶的继承，而改
用其他传统建筑符号作为创作母题，或者仅仅在建筑细部施加中国传统
建筑装饰，整个建筑形态更具有现代性。新民族形式建筑之"新"是相

① 梁思成. 中国建筑艺
术图集 [M]. 3.

对于"古典复兴式"建筑传统痕迹过重而言的，这一形式主要用在商业、金融、服务、文化等近代之后出现的公共建筑中，形式之"新"与功能之"新"相吻合。

第四节　与其他地区的相关比较

近代民族形式建筑虽然在南京发展得最为繁荣，但也在中国其他城市具有一席之地，并衍生出了各具特色的面貌。这里对其他主要城市的相关建筑与南京地区的作一比较，总结其异同。

一、北京

北京作为中国古代历史上最后一个政权的行政中心，以及中华人民共和国的首都，在中国的历史发展及现代化过程中占有非常重要的地位。自 19 世纪中叶，伴随着晚清政府的衰败与中国社会的动荡，北京也成了文化冲突、融合的矛盾中心。进入近代之后，北京经历了从北洋政府的政权中心到地方城市的转变，受到传统遗风的影响，北京仍然保留了其重要城市的地位，经历短暂的国民政府政权，北京又重回到中国首都的位置，可以说在这一过程中，北京的发展虽有过短暂速度的回落，但实际上从没有停滞过。

北京地区的相关民国建筑，集中修建在中华民国成立之后的 20 世纪 20～30 年代，其风格形式同南京一样，主要有古典复兴式和新民族形式两种。其中古典复兴式建筑中比较具有代表性的有北京协和医学院（图 3-8）、燕京大学、辅仁大学、国立北平图书馆，新民族形式建筑则以北京交通银行旧址、仁立地毯公司王府井铺面最有特点。

通过对相关案例的整理，笔者认为，民国南京与北京在建筑建设中，主要的相同点是，两个地区的建筑呈现出的风格流向一致，为古典

图 3-8　北京协和医院

复兴式和新民族形式；而且建筑形式与功能关系也几乎一致，即文化类的建筑采用古典复兴式居多，而商业类建筑采用新民族形式居多。

二者之间的不同，则主要体现为几下几点：

1. 南京地区古典复兴式建筑的发展既有西方建筑师的前期功劳，又有中国建筑师的后期努力，而北京地区的古典复兴式建筑则主要由西方建筑师所为，中国建筑师在尝试民族形式的时候，则更倾向于抛弃大屋顶，转而在细部上体现传统风格。

2. 南京地区的古典复兴式建筑有西方教会筹建的教育单位，更多的则是国民政府的各行政机构，而北京地区的则主要为西方教会筹办的教育单位及文化单位。

3. 南京地区的古典复兴式建筑更加朴实、厚重，在传统符号的选用上显得更加有创新性和时代感，在后期出现的如金陵大学图书馆、国立中央博物院等项目中，建筑形象更加贴近历史，设计手法考究，比例和谐；而北京由于其地区特征，建筑多参考了大量的明清官式建筑，在细部上更加繁琐，建筑的整体形象虽有贴近历史的趋势，但因为建筑师主要为外籍，多少会出现对传统文化的领悟偏差。

4. 南京地区的新民族形式建筑，艺术形象更加简洁、立体，更具有现代性；而北京地区的新民族形式建筑，装饰造型更加丰富、繁复，更突出历史感。

5. 南京地区的新民族形式建筑显然经过系统的规划,同属性的建筑常现于同一区域,建筑布局中有明显的中国传统建筑思想;北京地区的该类型建筑则较为独立,缺乏系统性,也未涉及统一规划。

二、上海

由于其特殊的地理环境,坐拥长江入海口的关键位置,上海于清末起逐渐成为中国南北洋海上贸易的最大中转站,鸦片战争之后,上海成为第一批对外开埠的中国港口城市,随着以埠际贸易、国际贸易为中心的商品经济的发展,上海地区的城镇规模逐渐扩大,于民国时期最终发展成为整个中国最为富有、奢华的商业城市。

1929 年,国民政府为上海制定了"上海市中心区域计划",其中如《首都计划》一样,对上海市区的城市建筑提出了采用"中国固有之形式"的要求,从而促使近代民族形式建筑在上海发展。

上海地区最具代表性的古典复兴式建筑,为江湾上海市政府大楼;新民族形式建筑中比较有代表性的是中国航空协会陈列馆与会所、上海江湾体育场、上海中国银行总行旧址(图 3-9);除此之外,上海还出现了一种特殊的混合型建筑,即在西方现代式建筑的屋顶平台之上,再局部安置一座较小的古典复兴式建筑,其造型有点类似于明代陵墓建筑中方城明楼的外形。建筑师董大酉设计的上海市图书馆和上海市博物馆,均为此类型建筑,它可以看作是古典复兴式与西方现代建筑的一种简单、直观的结合式样。邓庆坦在其编著的《图解中国近代建筑史》中认为这种样式的产生反映了"'中国固有形式'在经济、功能和现代技术的挑战下走向净化的趋势"。

与南京地区相同的是,上海地区的建筑在形式的采用上也遵循着一套政府的指导方针,但是产生的建筑形态却与南京有着一定的区别:

1. 与南京地区相比,上海的古典复兴式建筑数量较少,除了早期西方教会在教堂设计中有这方面的初探倾向(如上海怀施堂),只有部分政府行政机构清晰而完整地采用了此样式,一些文化机构则选择了更为大胆和实用的混合折中式。而南京地区作为民国政府的首都,行政军政机构众多，古典复兴式建筑的数量自然也比较多，建筑形式的选用更加严格，城市建筑的总体面貌更加统一、庄重。

2.《首都计划》中严格规定了南京地区不允许出现高层建筑，建筑整体呈现出的是横向发展的趋势，而上海作为中国的经济和商业中心，建筑的发展类似于美国芝加哥、纽约等城市，摩天大楼林立，随着建筑尺度的改变，民族形式建筑所呈现出的艺术形态也变得更加时尚、更具功利性。

3. 与南京地区相比，上海地区的新民族形式建筑更加简洁、直率，南京地区的新民族形式建筑常利用中国传统建筑作为母题，而上海地区的此类建筑则是以西方现代建筑作为母题，在局部饰以传统符号，可以说传统性和民族性在上海近代建筑中的比重更低。

图 3-9　上海中国银行总行旧址

三、广州

广州位于中国大陆南端的珠江三角洲平原，地势开阔，物产丰富，在中国历史上，是一座商贸发达、文化交流频繁的重要城市。它毗邻港澳，面向东南亚，凭借着优越的地理位置，成为华南地区的政治、经济、文化中心。

作为与鸦片战争关系最为直接的地区，战争前后的中外形势使得广州地区的对外交流产生了质的变化，反映在建筑形制及形式上，从初始期在商贸等方面自然地接受西方建筑文化，到鸦片战争后逐渐主动地思考中外建筑交流的可能，广州地区出现了一批非常具有代表性的民族形式建筑。

进入国民政府执政时期，广州作为除南京之外十分重要的政治中心，出现了大量的民族形式建筑，其中以古典复兴式建筑在广州居多

数。如岭南大学建筑群、广州中山纪念堂（图3-10）、广州中山图书馆、
广州市府合署、广州粤秀山仲元图书馆等。

另外，广州还有一种特殊的近代建筑——骑楼，这是近代岭南地区
一种特有的商住两用建筑。它作为一种典型的外廊式建筑，具有欧洲本
土建筑的风格特点。这种外廊式建筑又被称为殖民主义风格，指的是
16世纪以来欧洲殖民者来到殖民地后，结合当地气候产生的一种带有
"外廊"的建筑形式，它被认为是在印度发生、经过东南亚北上而到达
中国的[①]，因为气候的相似性，在中国岭南地区得到了极好的适应。进
入民国时期，以广州为首的华南地区政府出于特殊时期的发展需要，通
过制定一系列措施大力推广骑楼街的建设，使得骑楼建筑形态在短时期
内得到大规模兴建，对近代广州以及其他沿海城市的城市空间格局产生
了影响。[②]

在广州现存的骑楼建筑中，可以看到大量的中国传统形式的应用，
这一类建筑屋顶往往采用双坡屋面，在檐口、屋身等处采用中国传统建
筑符号进行点缀，大量运用充满地方情调的"满洲窗"，广州第十甫路
的"陶陶居"为此类形式的典型代表，另外在南华路、同福路、万福路、
德政路、起义路等处都有体现。

广州作为国民政府在南京执政时期，仅次于南京的行政中心，在对
政府建筑的形式采用上有着和南京"以固有之形式为最宜"一样的要求，

**图3-10 广州中山
纪念堂**

① 藤森照信，张复合 .
外廊样式：中国近代建
筑的原点［J］. 建筑学
报，1993（5）：33-38.
② 林冲 . 骑楼街屋的
发展与形态研究［D］.
66.

可见是受了南京《首都计划》的影响。但是两地之间在中西交融的建筑
形态方面还是有着些许差别。

1. 南京地区的民族形式建筑建设更加体系化，涉及的社会功用更
为全面；而广州地区的近代民族形式建筑主要体现在行政军政类和教会
学校两大类，在南京地区以及上海、北京等地较为常见的新民族形式，
在广州却数量极少。

2. 南京、上海、北京等地都没有对殖民地风格建筑进行任何有效
的转换，只有广州地区，不但接受了东南亚传来的殖民式外廊建筑，并
能够为我所用，发展成了独特的骑楼形式建筑，并且将这种外廊式风格
与"古典复兴式"建筑相结合，形成广州近代建筑中一种独特的地域
形态。

3. 与南京地区相比，广州的民族形式建筑，除了政府要求的几栋
标志性建筑之外，其他的民间商用建筑，基本都是由非职业建筑师设计
的，这中间，体现的是广州人民在建筑形式采用上的一种自发的偏好和
倾向，其艺术形态松弛、丰富，与南京地区系统规划下形成的建筑风格
相比，显得更为活泼和随性。

四、其他有关案例

中国建筑工业出版社于 1993 年出版的《中国近代建筑总览》，由
清华大学建筑学院著名教授汪坦及日本著名建筑史学家藤森照信主持编
著，是中、日两国近代建筑师研究会合作研究的成果之一。该系列书籍
共分为 15 部，分别对南京、北京、广州、济南、庐山、重庆、厦门、
大连、沈阳、营口、哈尔滨、烟台、武汉、昆明、青岛等 15 座城市的
上千座近代建筑进行了统计和整理，对中国乃至亚洲及世界的近代建筑
史研究具有重大意义，对建筑保护、修复，建筑艺术形态的分析及研究
等方面有积极的参考价值。

从该套丛书所列举的十多个城市可以看出，中国城市建筑近代化最
为发达的地区，主要可以归为以下几类：第一类，是以南京、重庆、广
州为代表的曾担任过国民政府行政中心的几座城市；第二类，则是沿

江、沿海的几座鸦片战争之后的开埠城市或殖民地，如武汉、上海、青岛、烟台；第三类，是在伪满洲国范围内的城市，如哈尔滨、大连、营口、沈阳。这些城市的近代建筑，较其他地方而言，发展得更为迅速和蓬勃，其中也不乏中国固有形式的身影，主要可以归为以下几类。

（一）教会建筑

近代时期的中国，民族形式建筑的初探主要是在美国教会的影响下展开的，在这一时期，全国各地出现了多所明显呈现出中国固有形式的教会大学，其中比较著名的有以下几所。

1. 华西协和大学

华西协和大学位于四川成都，是由英、美、加三国的五河基督教会在中国西部创办的一所高等学府，现为四川大学华西医学中心。1912年，英国建筑师佛烈特·荣杜易为华西协和大学设计了一组带有鲜明的中国古典风格的建筑，并在该校教会举办的建筑设计大赛中胜出。该组建筑平面纵向轴线包括了三个层次，依次布置门廊、主厅、礼堂，具有典型的西方教会建筑特征（图 3-11），因此在建筑形式上，该建筑虽为"中西合璧"建筑风格，但是其布局和平面形式却是典型的西方古典式。梁思成先生曾评价："华西大学建筑其上下结构划然不同旨趣，除却琉璃瓦本具显然代表中国艺术的特征外，其他可以说是仍为西洋建筑。"①

图 3-11 原华西协和大学内建筑

① 陈新. 华西坝老建筑平面特征浅析［J］. 城市建筑，2013（32）：190-191.

2. 长沙雅礼大学

长沙雅礼大学创办于 1906 年 11 月 16 日，是由美国耶鲁大学在中国创立的"雅礼会"主持筹建的，其前身是于长沙西牌楼创办的"雅礼大学堂"。该建筑原址现为雅礼中学。

雅礼大学从设计之初就明确了新校园的建筑风格，"在保留中国传统建筑遗产的基础上，将现代社会的建筑理念融入其中"[①]，这也是亨利·墨菲在中国进行的有关"中国固有形式"建筑的第一次实践。这次尝试，严格意义上来说，并非墨菲所提出的"适应性建筑"或者"中国传统建筑的文艺复兴"，在设计这组建筑的时候，亨利·墨菲关于中国传统建筑的适应理念还没有完全形成，甚至在该建筑中，为了"符合功能主义的设计原则"，他在中国古典大屋顶上设置了五扇老虎窗，继而"破坏了欲追求的中国古典式屋顶的整体形象"[②]。在建筑布局方面，虽然采用了与中国传统院落布局极为相似的三合院形制，但是理念来源到底还是美国大学的布局风格，在这场首次尝试之中，墨菲对于中国传统建筑和现代功能的理解表现得更像是一种融合了多重符号特征的混合式样校园。

3. 武汉大学

武汉大学的前身是 1893 年 11 月 29 日由湖广总督张之洞主持开办的新式高等专门学堂——自强学堂。1913 年，北洋政府教育部成立后，在原基础上改建为国立武昌高等师范学校，并最终于 1924 年 9 月改名为国立武昌中山大学，1928 年，南京国民政府在此基础上改建国立武汉大学。

该校由美国建筑师凯尔斯（F. H. Kales）进行规划和设计，校园布局巧借地势，建筑形态为中国古典大屋顶式。与前面提到的项目不同的是，这组建筑功能设计中更注意光线的吸收和引入，立面开窗较大，工学院主体建筑甚至采用了重檐四坡玻璃屋顶，满足了中庭采光的需要（图 3-12）。

其他类似的案例还有始建于 1911 年的山东基督教共合大学（现齐

① 方雪. 墨菲在近代中国的建筑活动 [D]. 29.

② 董黎. 岭南近代教会建筑 [M]. 北京：中国建筑工业出版社，2005：88.

图 3-12　武汉大学内建筑

鲁大学）、始建于 1924 年的华中大学（现华中师范大学）、始建于 1915 年的福建协和大学（现福建师范大学、福建农林大学）等。除此之外，西方教会在中国各地方的教堂、医院等也常利用中国固有形式来增加外来宗教与本地民族之间的亲切、友好之感。

　　上述提到的这些建筑案例，大部分为国民政府成立之前所建造，其建筑形态的产生主要是受到西方教会在"庚子教案"之后，试图从文化角度向中国人民示好的意图而产生的，因此，这些建筑大多没有展现出充分的中西融合，古典屋顶的做法大多不符合严格的比例要求，只是照猫画虎地进行大概的设计，而屋顶与屋身之间基本没有任何联系性，有的建筑屋身甚至还采用西方殖民式或者古典式，与中国古典屋顶的内在精神相去甚远。可以说，西方教会开启了西式建筑融合中式大屋顶的前奏，但是并没有对其进行深入、科学的思考，只能算是一种早期混合式，这与南京国民政府指导下产生的"古典复兴式"建筑从根本上来说处于不同的阶段和层次，在建筑的艺术性和科学性上相比要弱许多。

（二）"满洲式"建筑

　　1932 年 3 月 9 日，伪满洲国建立，改长春为"新京"。

　　伪满洲国成立之后，长春地区出现了一种以行政、军政、礼制功能为主的建筑形式，被称为"满洲式"。该类型以日本"兴亚帝冠式"为参照蓝本，常用欧洲古典建筑为主体样式，并在建筑的顶部安置东方式的古典屋顶。这种类型的建筑，由于没有经过一个完整的发展周期，其辐射区域较小，并没有在历史发展和当时社会上形成广泛的影响，因此不能称为一种独立的建筑流派。

伪满洲国"国务院"是"满洲式"建筑的代表作，始建于1933年2月，设计和规划均由日本建筑师石井达朗完成。该建筑将近代西方建筑的形式和中、日古代建筑的部分特征结合在一起，入口门廊采用塔司干柱式，中间塔楼则采用四角攒尖重檐顶。这栋充满折中主义手法的建筑，虽然也具有中国古典建筑的部分特征，但是与以南京地区为代表的"古典复兴式"建筑相比，无论是在艺术形态上还是建筑的结构比例上，均处于劣势地位。首先在对中国古典建筑形式的反映上，"满洲式"建筑体现着向上发展的趋势，屋顶小气而局促，缺乏中国古典大屋顶舒张之感；而在西方建筑元素的选用上，"满洲式"建筑中出现了大量的欧洲古典建筑符号，其比重往往与屋顶平衡，缺乏主次，结合生硬。最为根本的区别是，在国民政府倡导下发展的"古典复兴式"建筑，其最主要的是体现中华民族的优秀文化与凝聚精神，因此在建筑之美上有很高的要求，也进行了深入思考；而"满洲式"建筑则是殖民政权从自身角度出发，是一种迎合统治需要的手段，对中华民族的民族精神不但没有重视和尊重，反而有打压和同化的意图，在建筑形态的表现上也显得极为不自信。

（三）官式建筑

1. 重庆大学

因为特殊的政治背景，重庆地区在国民政府指导下产生了许多近代民族形式建筑。1930年动工的重庆大学，是在政府支持下修建的一所综合大学，校区内建筑多为近代民族形式，文字斋（现为重庆大学人文与社会科学高等研究院办公用房）是其中较为典型的一座。建筑于1936年落成，由建筑师沈懋德设计，整体为二层重檐歇山顶砖木混合结构。入口处有歇山抱厦，屋脊正中设两座重檐八角攒尖顶塔状物。整个建筑采用"撑杆"挑出檐口及檐角，屋角起翘角度较大，颇有西南地区传统建筑的味道。原还有一座与文字斋遥相对望的建筑"行字斋"，二者属同一风格。在1940年日军对重庆的大轰炸中，"行字斋"受损严重，在无法修复的情况下于20世纪60年代拆除。

2. 重庆国民政府办公大楼

除了重庆大学建筑群之外，该地区还有国民政府办公大楼、中国西部科学院主楼、国民政府国防委员会会议厅、清凉亭、罗斯福图书馆等近代民族形式建筑，其中的大部分建筑现在已被拆除。

3. 河南大学

除了重庆地区外，国民政府还于1931在河南开封主持修建了同为"古典复兴式"的河南大学，该建筑群结构严谨，建筑造型浑厚凝重、构图错落有致，是艺术价值非常高的一组建筑作品（图3-13）。

在全国范围内，于1930年左右在国民政府指导下修建的行政类、文化类建筑，在采用民族形式的时候，已经变得较为成熟，应该是受到1927~1937年南京首都十年建设期间建筑理念及经验的影响。

综上所述，近代中国多座城市在民族形式建筑上均有实践，但是南京是唯一一座建筑分布具有典型的群体化、系统化，建筑形式发展具有延续性的城市。除此之外更应该看到，中国近代民族形式建筑，因各城市政治、历史、文化背景的不同而产生出的差异性和地方性，证明了民国建筑全国范围内的多样性。

图 3-13　河南大学内建筑

4

第四章

古典复兴式建筑

杨秉德先生在2003年出版的《中国近代中西建筑文化交融史》中，把20世纪30年代民国时期的"民族形式"建筑分为三类，分别是："套用中国传统宫殿建筑形式构成模式的整体仿古模式；在建筑整体采用西方近代建筑体量组合设计手法的基础上局部增加中国传统建筑屋顶或作为'中国固有形式'标志的局部仿古模式；以及建筑整体采用西方近代建筑体量组合设计手法，局部施以中国传统建筑装饰的简约仿古模式。"[1]在民国时期的南京，以整体仿古模式和简约仿古模式的建筑最为常见，东南大学刘先觉教授在《中国近代建筑总览·南京篇》中将这两种类型称为"中国传统宫殿式的近代建筑"与"新民族形式的建筑"。

在笔者统计的全部135座南京民国建筑中，有97座拥有中国传统式屋顶，大屋顶可以说是民国建筑中最常见的传统符号。带有"大屋顶"的民国建筑，在以往的文献资料中，多被定名为"东方宫殿式""古典宫殿式""宫殿式""传统复兴式""古典复兴式"。笔者认为，其中以"古典复兴式"最能体现这一类建筑的特征。

不同于西方古典建筑将装饰及造型主体置于建筑立面的做法，中国传统建筑的墙身一直比较平淡，而屋顶却是整个建筑表现中最华丽的语言。德国建筑师鲍希曼曾经评论大屋顶轻巧上扬的曲线是中国人表达生命律动的愿望[2]。形成这种轻盈的曲面，主要是通过一种传统的结构方法，《营造法式》中称之为"举折"（图4-1）。宋代宋祁《笔录》："今造屋有曲折者，谓之庯峻。齐魏间，以人有仪矩可喜者，谓之庯峭，盖庯峻也。今谓之'举折'。"[3]所谓举折，包括"举"和"折"两个部分，"举"指脊槫和橑檐枋的高度，即屋架的高度；"折"，指因屋架各橑升高的幅度不一致而导致屋面产生的曲折，从剖面角度反映出的是一条折线。《营造法式》中解释，它往往能由木构架相邻两檩中的垂直距离除以对应步架长度得出，成为一个确定屋顶曲度的系数。举折是以房屋的前后橑檐枋心之间的水平距离为总进深，在前后橑檐枋上皮的连线中点举起三分之一至四分之一总进深作为脊椽上皮的高度，称举高。第一步将脊椽上皮与橑檐枋上皮连一直线，自脊椽而下，第一椽缝折举高的十分之一，第二椽缝依前法再向下折举高的二十分之一，第三椽缝依前法再折举高的四十分之一，[4]如此类推，构成了传统建筑屋顶的独特外

① 杨秉德. 中国近代中西建筑文化交融史[M]. 294.
② Walter Perceval. Writing on Chinese Architecture [J]. 中国营造学社汇刊, 1930（1-1）: 1-8.
③（宋）李诚著，王海燕. 营造法式译解[M]. 32.
④（宋）李诚著，王海燕. 营造法式译解[M]. 90.

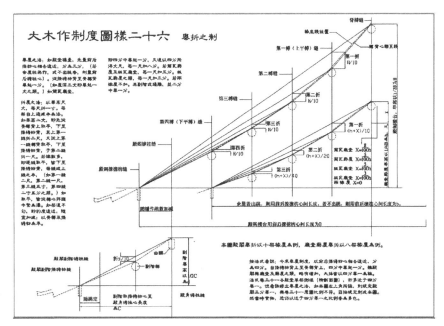

图4-1 《营造法式》中的举折之制

形，即逐渐陡峭的向上趋势和下凹的屋面。在清工部《工程做法则例》中，"举折"被称为"举架"，"举折"与"举架"虽然性质相同，但是原理却不太一样。举架的做法是以步架为比例。举架的急缓以房屋的大小和檩数的多少而定。如：一般规定檐步架均为五举（即步架举高与步架长度之比为5/10），这也导致了明清时期的建筑，屋顶柔和的曲线逐渐趋于"直线"，建筑显得更加高挺、生硬、拘谨。

通过长期以来的实践，中国传统屋顶在坡屋顶的基本形制基础上，发展出了多种多样的形式，硬山顶、悬山顶、重檐顶、庑殿顶为我国传统建筑中最常见的四种。其中，硬山顶和悬山顶常用于汉族普通民居之中，属于级别最低的两种类型。硬山顶建筑，房屋两侧的山墙同屋面齐平，或略微高出，屋面中的正脊将整个屋顶分为对称的两面坡；而悬山顶的特征则是屋顶挑出山墙之外，好似悬在屋身之上，悬山顶因其屋檐较大，更容易防水，常出现于我国南方地区，而硬山顶则刚好相反，防风、防火、利于保暖，多见于我国北方地区。

歇山顶和庑殿顶属于级别较高的两种形式，主要用于宫殿、庙宇以及祭祀建筑之中。歇山顶共有九条屋脊，即一条正脊、四条垂脊和四条戗脊。作为传统屋顶中屋脊数量最多的一种，它主要是通过将正脊进行弯折处理的方式完成的,并由此生成了垂脊和戗脊,从外观上增加了建筑的高度。屋脊在屋顶之上似乎经过了短暂的停歇,故名歇山顶,又称九脊顶。其上半部分为悬山顶或硬山顶的样式,而下半部分则为庑殿顶的样式。虽然做法结构更为复杂,但级别却低于庑殿顶。

庑殿顶有一条正脊和四条垂脊,故又称为"五脊顶"或"四面坡",是所有的建筑类型中完整坡面最多的一种形式。歇山顶和庑殿顶又有单檐和重檐之分,级别上从低到高依次为单檐歇山顶、重檐歇山顶、单檐庑殿顶、重檐庑殿顶。除此之外,常见的还有攒尖顶、盝顶、盔顶、十字脊顶、卷棚顶等。

传统屋顶等级制度森严,充分反映了中国古代礼制观念,在上千年的延续中,逐渐成了中华民族非常具有代表性的精神符号,进入近代,它又迅速成为"中国固有式"的表现载体,被广泛运用在南京的民族形式建筑中。

古典复兴式建筑多以明清时期的宫殿建筑为原型,主要分为台基、屋身、屋顶三部分。除了以北方宫殿式屋顶为建筑的主体造型外,还对中国传统建筑的结构构件、装饰纹样等进行了一定程度的继承,形成了以新材料及技术模仿中国古典建筑大殿的设计范式。该类型被用于行政、军政、工商、住宅、礼制等多种功能性质的建筑中,尤以行政—军政—礼制类、科教—文化—宗教类最甚。

在本书掌握的南京现存古典复兴式建筑中,年代最早的一座是 1912 年建造的金陵大学科学馆,而最晚出现的一座是 1947 年建成的国民政府资源委员会旧址岗亭。虽然期间只经历了不到四十年的发展,却展现了三种不同的表现倾向,可分为古典复兴一式、古典复兴二式、古典复兴三式。

第一节 古典复兴式一式

古典复兴式中的第一式建筑,以金陵大学建筑群中的部分建筑、道胜堂旧址建筑群等为代表。这些建筑均由外籍建筑师设计，传统大屋顶出现了不同程度的异化，有的改变了传统屋顶一字形的基本走向，有的改变了屋脊鸱吻的造型，有的则因为全新功能的添加而改变了传统屋顶的完整性。除此之外，这些建筑的屋身多简洁、朴素，鲜有传统装饰，对表现古代建筑框架式结构的样式特点则基本忽略。可以说，此类建筑，如果去掉中国宫殿式屋顶及檐下的装饰，几乎与西方建筑无异。

一、金陵大学与"大屋顶"的初探

始建于 1912 年的金陵大学建筑群，现为南京大学鼓楼校区，是南京地区最早的一座古典复兴式的美国教会大学，于 1910 年由原汇文书院等多校合并而成。

金陵大学成立初期，仍以干河沿汇文书院为主校址，在此基础上，又由美国教会募集资金在鼓楼西南坡购地 2340 亩兴建新的校舍，时任校长的美国人包文在新校区的建设上，明确提出"建筑式样必须以中国传统为主"，最终经过商定，美国芝加哥帕金斯建筑事务所（Perkins Fellows & Hamilton）成为新校区建设工程的主要设计单位，陈明记营造厂则负责主要的营建工作（图 4-2）。

1921 年，科学楼率先完工，同时由美国建筑师科迪·X. 克尔考利（Cody X. Crecory）主导的新校区规划也接近尾声，金陵大学师生即由

图 4-2　金陵大学鼓楼岗校区早期规划图

汇文书院迁入新址。此后,行政楼、西大楼、东北大楼等建筑陆续建成,至1926年,学校已形成较为完整的规模。

金陵大学现存古典复兴式建筑十余座,在整体上,建筑群呈典型的美国大学校园三合院式布局,校园的主轴线则一直延伸到原干河沿汇文书院旧址,使得建筑的新、旧校区,以及各功能分区之间形成了较好的联系。金陵大学的校园建筑,总体上严谨对称,建筑风格朴素简约;在单体建筑的外形上,建筑师认为中国古典式大屋顶与西式人字坡屋顶具有一定的相似性,便自然地将其联系起来,以此来承担体现"中国传统式"的任务。由此方式建造的建筑,虽然外形看得出中国传统特征,但建筑本身的成立却是两大体系"张冠李戴"般的生硬结合。以金陵大学科学楼为例,建筑的屋顶在传统歇山顶的基础上依据功能需要进行了变形,使得建筑屋顶中部至两翼,脊上起脊,由高到低分为五段,这样做从功能上保证了阁楼部分的使用效率,但从形式上则完全改变了中国传统屋顶举折的比例,使得正脊与垂脊趋于90°,轻盈的弧度没有了,取而代之的是生硬的轮廓。从视觉感受上来说,与中国古典建筑相比,还是有很大区别的。[1]

然而这种折中主义思想影响下的建筑实践,以中式外形加西式技术,配合"新"功能的建造方法,在当时看来,却是一种有创新性、突破性和高效性的设计手法(图4-3、图4-4)。

① 季秋.中国早期现代建筑师群体:职业建筑师的出现和现代性的表现(1842-1949)以南京为例[D].

图4-3 帕金斯建筑事务所设计的卡尔·舒茨高中主楼

图 4-4 帕金斯建
筑事务所设计的金
陵大学科学楼

二、新古典主义的三段式构图

　　18 世纪中期开始，欧洲的建筑界受启蒙运动影响，兴起了对古希腊、罗马建筑的复兴热潮，这一思潮影响下的建筑风格被称为新古典主义风格，是 18 世纪至 20 世纪初西方世界最为流行的建筑风格之一。

　　新古典主义风格的诞生，主要是为了反对文艺复兴末期的巴洛克、洛可可风格建筑，主张从繁缛、奢华的建筑形象中解放出来，返璞归真，探寻古希腊、罗马建筑的美学原则和真谛。因此，所谓"新古典主义"，首先是遵循唯理主义观点，认为艺术必须从理性出发，排斥艺术家主观思想感情，尤其是在社会和个人利益冲突面前，个人要克制自己的感情，服从理智和法律。艺术形象的创造崇尚古希腊的理想美，注重古典艺术形式的完整、雕刻般的造型，追求典雅、庄重、和谐，同时坚持严格的素描和明朗的轮廓，极力减弱绘画的色彩要素。

　　新古典主义之所以被注以"新"字，主要是这一阶段的建筑材料发生了改变，由石材变为钢筋混凝土；另外一点，在建筑细节上，新古典主义建筑摒弃了严格的古典主义建筑中过于复杂的肌埋与装饰，忠诚于古典建筑的美学原则而非模仿具体的形象，是一种带有创新思想的建筑风格。在新古典主义风格建筑的设计原则中，横、纵三段式构图是其中的重要一点。

横向三段式构图可追溯至古希腊、古罗马时期的建筑，指建筑中的屋顶（roof）、柱式或墙身（column）、基座（foundation）三部分。从整体上来说，古希腊罗马建筑周身采用石材，使得这三部分之间形成了高度的统一；而中国古代建筑屋顶、屋身、台基三部分的组合性更强，材料也不尽相同。发展至新古典主义风格阶段，出于实用的考虑，很多建筑采用平屋顶形式，使屋顶部分的比例一再压缩。横向三段式作为审美需要虽得以继承，但主要体现在建筑的中部立面上，常以不同的窗洞形式、窗线、勒脚予以体现。

为了体现建筑的秩序感，除了横向三段式，这一时期的建筑往往也采用纵向的三段或五段式。这样的纵向构图，促使西方建筑单体的平面呈现出更多元的形式，纵向三段式导致的 H 形、凸形平面是这一时期建筑采用的主要平面布局形式。与西方建筑不同的是，中国传统建筑更加注重群体间的组合变化，单体的布局形式较为单调，多为矩形平面，大多只根据级别的不同在开间数量上有变化。

西方建筑的横、纵三段式被广泛地运用在南京民国建筑中。由于古典主义的纵向三段式与中国传统建筑本就有着一定的共性，因此南京民国古典复兴式第一式建筑，均体现出了屋顶、屋身、台基的三段式构图方法。不同于中国传统建筑的是，这一类型中的"台基"大多没有延出屋身轮廓之外，而是与屋身一体，只在颜色、肌理上加以区分，从视觉上体现出"台基"的存在，与中国传统建筑中的台基在结构上、形象上、比例上均有很大出入。在横向三段式方面，这一类型中的建筑显然改变了中国传统建筑的平面，以适应新古典主义建筑布局模式，或者说是为了适应新的使用功能。

古典复兴式第一式建筑，诞生于南京民国建筑的开端时期。此时，西方建筑师对于中国古典建筑的了解尚不够深刻，大屋顶的运用，实际上是建筑师将西式建筑中的人字坡屋顶添加"鸱吻"等元素后呈现的结果。而屋顶以下则是未加改造的西方样式，这种形式在后来的发展中，遭到了中国建筑师的批判。著名建筑师童寯，在日后回顾起时就曾认为："教会大学建筑式样，本系洋人所创。他们喜爱中国建筑，却不知精粹所在，只认定其最显著的部分——屋顶，为建筑美的代表，然后再把这屋顶移置西式堆栈之上，便以为中国建筑已步入'文艺复兴时代'，居然风行一时。"①

这种形式虽然在表现上并不尽如人意，不能够将中国传统建筑的特点表现得淋漓尽致，但比起"古典复兴式"的其他两种倾向类型来说，是较为节约、高效的一式。在后期的发展中，依然有很多建筑师，在甲方要求和经济成本的权衡中，选择这种设计方式简化建筑的屋身装饰。为了降低这种类型建筑形式上的违和感，建筑师们更是改变了包括吻兽在内的部分装饰形象，以弱化两种文化之间的矛盾。

在古典复兴式的第一式中，西方建筑的风格定式以及建造方法还是主导着设计思维的走向，中国传统特征的表现只是照猫画虎、点到为止。虽然不同的建筑师因为职业素质的水平参差，设计出的建筑在艺术表现上各有高低，但建筑师的设计思路和表现方法基本是一致的。

第二节　古典复兴式二式

梁思成先生在 1931 年公开出版的《中国建筑艺术图集》的序言部分，曾公开反对"将中国建筑固有的屋顶形式，生硬地加在一座洋楼上"②的做法，他认为这种简单结合中西建筑文化的思想，"其通病则全在对于中国建筑权衡结构缺乏基本的认识的一点上"③。

在这种反思与认识的加持下，古典复兴式建筑中的第二式出现了。

一、金陵女子大学的基本范式

金陵女子大学，在设立之初即肩负着解决长江流域"女中毕业生升学"问题的使命。1911 年冬至 1912 年初，先后在中国江浙一带传教、办学的美国八个教会组织，即南、北长老会，南、北浸礼会，南、北卫

① 童寯. 童寯文集: 第一卷 [M]. 北京: 中国建筑工业出版社, 2000: 119.
② 梁思成. 中国建筑艺术图集 [M]. 5.
③ 同上.

理公会，基督会，圣公会等教会所办女子中学的校长，在上海召开会议，制定了在长江流域开办一所女子大学的计划，①并于 1913 年，组成了女子大学校董会，决定将校址设在中华民国临时政府所在地——南京，同年 11 月 13 日，北长老会代表劳伦斯·德本康夫人被推选为第一任校长。1914 年，学校正式定名为金陵女子大学，并于 1915 年春天，租赁南京明故宫附近绣花巷李氏宅院作为临时校址。1921 年，金陵女子大学用 60 万美元经费，在宁海路一带购置土地以建设新校。这座位于宁海路 122 号的中国近代第一所真正意义上的女子大学，中华人民共和国成立后更名为南京师范大学。

关于该校建筑的样式风格，德本康女士及校董会期待它能体现出中国的本民族文化。鉴于之前在雅礼大学设计规划中与亨利·墨菲的良好合作，德本康女士再次邀请他担任金陵女子大学校园规划和建筑设计的主理人，时任墨菲工作室助手的中国著名建筑师吕彦直协助，陈明记营造厂承建。这也成为墨菲职业生涯中最具有影响力的设计作品（图 4-5）。

亨利·墨菲将他所理解的中国传统建筑特征归纳为以下五点：反曲屋顶（curving roof）、布局的有序（orderlinese of arrangement）、构造的直率（franknessof construction-n）、华丽的彩饰（lavish use of gorgeous

图 4-5 亨利·墨菲手绘的金陵女子大学规划图

① 方雪. 墨菲在近代中国的建筑活动［D］. 34.

color)、大体量的石造基座(massive masonry base)。①关于什么才是真正的近代中国建筑，他曾说："我认为我们的思考必须从中国的外在形式出发，当需要满足一些特殊需要的时候可以引进一些外国的东西……这样才能创造出一栋真正的中国的建筑。"②

金陵女子大学中的主体建筑共有9座，在单体建筑上，墨菲除了将屋顶表现得更加"中国化"，还在屋身等其他部分设计了更多的中式元素。1923年建成的会议楼，又名中大楼，坐西朝东，面积约为1432m²，是金陵女子大学的主要建筑，在设计之初作为接待厅和室内运动场使用。该建筑以传统单檐歇山顶式宫殿为造型来源，小瓦屋面，正脊有鸱吻，中部屋顶略高，两翼对称，这种立面布局方式不同于中国古典建筑，主要受到了西方新古典主义的影响。檐下部分有斗栱，以红色装饰线条代替梁枋，屋身饰有朱漆红柱。在建筑的底部，以材料作区别，将台基表现在建筑的外形上，使建筑从视觉上包含中式传统建筑屋顶、屋身、台基的基本要素。墨菲在设计会议楼的时候，不仅在建筑细部引入了大量的中国传统建筑符号，如抱鼓石、门簪、悬鱼、雀替等，还在门窗和屋身的处理中采用了三交六椀菱花窗以及如意纹裙板，加上对传统木结构建筑框架的示意，设计师试图以新材料及技术再现中国传统建筑形态的用意非常明确。

董黎教授曾就墨菲的"适应性建筑"的设计模式进行过总结：以清代的宫殿式歇山顶为最高形制等级，用于校园中主体建筑构图，庑殿顶其次，硬山顶、攒尖顶和卷棚顶则灵活运用于附属建筑；用混凝土仿制中国古典建筑的斗栱；前面处理已成固定模式，即中国古典式红柱按西方比例关系进行有规律的排列；摒弃以往教会大学建筑主入口的抱厦处理方式，一般用西式的矩形框架来突出重点，再加上少量中国古典建筑装饰，平面上也不凸出，使建筑的外轮廓与中国古典建筑取得一致；改变了以往教会大学建筑朴实简洁的外部造型，开始追求中国古典式的色彩装饰效果，大量采用檐下彩画和雀替彩画，墙面的外装修也比较讲究；不论其构图方式的变化如何，凡调用的构图元素一律以中国自式建筑为蓝本，极少再出现夸张或变形的处理手法。在视觉上保持了建筑风格的一惯性，基本上摒弃了圆拱和弧形的西方建筑特征……③

① 方雪．墨菲在近代中国的建筑活动［D］．84．
② 彼得·罗，关晟．传承与交融，探讨中国近代建筑的本质与形式［M］．51．
③ 董黎．岭南近代教会建筑［M］．88-90．

在整个校园的规划和设计中，亨利·墨菲还充分利用自然地势，加入中国传统园林的设计思想，按照东西向的轴线布置，以连廊联系起各主要建筑，初步呈现了一座半围合式的院落空间；同时，西方大学校园中常见的宽阔草坪在这里被作为校园的中心，相较之前出现的教会大学建筑，中西方建筑风格在这里达到了更进一步的和谐统一。

图 4-6　吕彦直

二、中山陵的古式与纪念

中山陵建于 1925 年至 1931 年间，是孙中山先生的陵寝。1925 年，孙中山先生与世长辞，葬事筹备委员会随即成立，根据孙中山先生的遗愿，陵址最终定于南京市紫金山中茅山南坡，占地面积约 1200 亩，陵区植被茂密，景色巍然壮观。中山陵建筑方案的确定，是通过公开征集设计作品的方式来实现的，这是中国有史以来第一次举办公开、公正、公平的国际性建筑竞赛。通过这次竞赛，年仅 31 岁的青年建筑师吕彦直脱颖而出，其方案获得一致好评。

吕彦直毕业于美国康奈尔大学（图 4-6），受到布扎教育体系的影响，系统地研习过西方古典建筑。吕彦直曾作为亨利·墨菲的助手，跟随墨菲参与了金陵女子大学的设计工作，深入接触过亨利·墨菲的"适应性建筑"理论。与古典复兴式第一式中提到的美国帕金斯建筑事务所不同的是，亨利·墨菲和吕彦直二人都在设计的过程中关注到了中国传统建筑的布局特征，而非停留在对单体建筑的模仿上，这使得他们的作品在表现传统民族特征方面更加成熟和丰富。

葬事筹备委员会对于中山陵建筑的设计提出了一项非常明确的要求，即"中国古式而含有特殊与纪念之性质"[1]。葬事筹备处 1925 年度的报告中刊登了 10 幅中山陵设计竞赛应征作品，这些作品普遍采用了反曲屋顶、装饰栏杆甚至斗栱等元素，来表现"中国古式"。而对于"纪念性质"的处理方式，却分为两类：一种基本以中国式"纪念"传统为参照，另一种则以西方现代历史上的著名纪念物为模型。这其中唯有吕彦直的方案显得最为与众不同。

首先，中山陵的布局整体来说沿袭了中国传统帝陵制度（图 4-7）。

[1] 赖德霖. 民国礼制建筑与中山纪念堂 [M].
北京：中国建筑工业出版社，2012：113.

图 4-7　中山陵鸟瞰图

中国传统礼制建筑都有一条明确的中轴线，建筑群中的各单体建筑按照次序分布在轴线之上或两侧，以同在紫金山的明孝陵为例：在它的中轴线最前为一两楹冲天式石牌坊——下马坊，下马坊向西北约 1100m 处，为明孝陵内城正门大金门，大金门之北为碑亭，俗称"四方城"；出碑亭，折向西北过外御河桥，即为神道石刻；神道石刻之北为魁星门，现仅存石基座；魁星门向东 275m，过内御河桥，正北为陵宫门，大门后庭院内为陵宫的主体建筑献殿所在，现仅存遗址；献殿以北，过御河石桥，为高大的方城，顶部有明楼，气势恢宏，方城后就是明孝陵最北端的宝城。而吕彦直设计规划的中山陵，在保留了"牌坊""陵门""碑亭""祭堂""墓室"等部分的基础上，剔除了古代帝陵的神道石刻。

其次，中山陵主体建筑虽然采用中国传统大屋顶，具有很明显的中国古式特征，但整体建筑同时参考了西式纪念建筑。中山陵祭堂立面，构图与凯尔西和克瑞设计的华盛顿泛美联盟大厦尤其相似（图 4-8），采用了古典主义的"三段式"构图，其中重檐歇山顶与拱门构成的近似于矩形的建筑中部区域，宽、高比例为 3:5；在整个建筑群的入口处，吕彦直设计了一个高宽比例为 2:3 的四柱牌坊，这种 3:5、2:3 的比

图4-8　中山陵祭堂与泛美联盟大厦

例关系，都在斐波那契数列，即1：2：3：5：8：13：21：34……的序列中，这一序列的特点是后一位数字与前一位的比值趋于黄金分割比例，是一种明显的属于西方数理的比例关系。

吕彦直摒弃了明清建筑中的"龙纹样"，以几何形体替代屋顶鸱吻，建筑的色彩以蓝色为主色调，屋身主体不做彩色修饰，在这里蓝色显得庄重、低调，同时也是国民政府旗帜的主色调。

吕彦直设计的陵区平面呈警钟形图案，虽然他自己将这样的结果归为与环境地形结合的无意之举，但这种巧合，使得评审委员会产生了"警钟唤起民众"之意的解读，这种由形式到精神层面的延展，似乎又从另一个角度体现了时代所需要的气概和精神。

中山陵在民国建筑史中，无疑是最为重要、影响最为深远、地位最为崇高的一组建筑。整组建筑采用中西建筑特征相结合的方法，雄浑大气、庄严肃穆，时至今日，仍然是民国建筑中艺术价值极高的一处。

吕彦直在主持建造中山陵时积劳成疾，最终工程还未告成，就患肝癌不幸逝世。为了对他致敬，中山陵管理委员特别通过了为其立碑以示纪念的决定。吕彦直的纪念碑就位于祭堂西南隅，上部为其半身塑像，下部刻于右任所书的碑文："总理陵墓建筑师吕彦直监理陵工积劳病故，总理陵园管理委员会于十九年五月二十八日议决，立石纪念。"[①]

三、古典主义建筑比例的修正

比例关系就是一座建筑在三度空间和两度空间的各个部分之间，虚

① 郑晓笛. 吕彦直：南京中山陵与广州中山纪念堂[J]. 建筑史论文集，2001（4）.

与实，凹与凸，以及长、宽、高之间的相互关系，这种关系是决定一座建筑物好看不好看的最主要因素。[①]

毕达哥拉斯学派在约公元前 6 世纪时的古希腊，首次提出"数"是组成世间万物的最基本要素，人类世界乃至整个宇宙的所有形态都可以通过数的变化规律来解释。造型艺术以及其他非物质文明，其审美形成的很大一个要素，即是由数量比例关系的变化来实现的，比如著名的"黄金分割"。公元前 1 世纪末，意大利著名的建筑师、工程师马克·维特鲁威在《建筑十书》中写道："建筑是由匀称、均衡、得体、秩序、布置、配给六个要素组成的"，其中在秩序、匀称和均衡三方面，都明确提到了比例的重要性："秩序是指建筑物需要协调好总体与部分的比例结构关系，且各部分的细节尺寸要合乎比例。""匀称是指建筑构件的构成具有吸引人的外观和统一的面貌，如果建筑构件的长、宽、高是合比例的，每个构件的尺寸与整座建筑的总尺寸是一致的，这就实现了外形匀称。""均衡是指建筑物各个构件之间比例合适，相互对应，也就是任何一个局部都要与作为整体的建筑外观相呼应。"[②]

同比例相联系的是尺度。比例主要表现为整体与局部，或者局部与局部之间的关系，而尺度则牵扯到具体的尺寸，主要是指建筑的真实尺寸大小与人心理感知上的关系，如果吻合，一般指一座建筑拥有适宜的尺度。

与吕彦直的英年早逝相比，历史给了杨廷宝更多的机会，他在南京设计的众多建筑，如南京中央体育场、国民政府监察委员会旧址、国民党中央党史史料陈列馆等，几乎都用到了 1：1.5 和 3：5 的建筑比例关系。其实 1：1.5 的比例就是范围在 1：1.414～1：1.618 之间的"黄金分割"，它和 3：5 的比例一样都是西方古典式建筑中的常用比例关系。

除了杨廷宝、吕彦直之外，梁思成等同时代的建筑师的作品也曾采用过这种比例方式，这种比例在南京的民族形式建筑中非常常见。与其他人不同的是，杨廷宝的作品中，不仅仅是将这种比例关系表现在建筑的个别部件之中，而是在整个建筑中，将建筑的立面按照一定的比例关系有规律地分成若干份，使得整个建筑的局部和局部、局部和整体间都体现着这种比例的痕迹。在 1933 年建成的南京中央体育场国术场大门和田径场主人口，采用了 3：5 的比例。在国民党中央党史史料陈列馆

①黑格尔著. 美学：第一卷［M］. 朱光潜译. 北京：商务印书馆，1991：161.
②（古罗马）维特鲁威. 建筑十书［M］. 陈平中译. 北京：北京大学出版社，2007：67.

中，整栋建筑的高度与正脊到相隔平台变现的距离之比也是 1∶1.618，而整栋建筑的平面柱网和平台矩形平面的比例也都是 3∶5。

① 赖德霖. 中国近代建筑史研究［M］.

除了大量使用西方古典比例，杨廷宝还在其建筑设计中采用了一种独特的构图方式。赖德霖曾于 21 世纪初对杨廷宝的比例和构图习惯做过深入的研究。在《折中背后的理念——杨廷宝建筑的比例问题研究》中，谈到杨廷宝的作品——国民政府外交部办公楼设计（方案二）时，他这样描述杨廷宝的构图习惯："值得注意的是，在方案二的设计中，杨廷宝引入了另一个构图方法，这就是圆形，如果我们以该建筑的地平正中为原点，以建筑底边总长之半为半径画圆，就可以发现圆弧恰与高低两条正脊的吻兽相交。"虽然在中国古代的一些古典建筑中，如山西永乐宫三清殿和北京紫禁城清代的太和殿等建筑的立面图上，人们也可以看到这种构图方式，但是，杨廷宝本人却是在对紫禁城中轴线建筑的测绘之前，就在国民党中央党史史料陈列馆等多处建筑中采用了这种构图方式。关于这种做法，赖德霖认为这种圆形构图："以建筑室外地平中点为圆心并以建筑面宽为直径画圆，恰与立面的两个上角相切。……换言之，该建筑的沿街立面可以分成两个 1∶1.414 的黄金分割矩形。由此我们也可以知道，杨廷宝设计的南京国民政府外交部大楼方案二的中国式屋顶也是在以黄金分割为原理的设计基础上采用半圆形构图的方法所做的进一步修正。"①笔者对这种说法表示赞同（图 4-9）。

这样的做法，是在中国传统建筑风格当中融入西方学院派建筑学理论中的构图原则，被看作是以西方的比例修正中国原形。

古典复兴式第二式建筑，在保留中国古典大屋顶的前提下，在建筑的立面上采用了更多的中国传统装饰纹样，在建筑的外在形象上，则重点突出中国古典建筑的木结构表征，尤其注意对斗栱、柱式、裙板等传统结构构件的模仿。此类型建筑大量使用抱厦、栏杆等附件，并注意采

图 4-9 杨廷宝作品中常用比例示意

用中国传统建筑的群组空间关系，使得整个建筑的中国古典特征更为饱满、全面。这一式建筑，虽然较古典复兴第一式来说，在对中国式建筑的理解上有了一定的进步，但此时，建筑师对中国传统建筑的研究与分析还不够深入，建筑的造型上虽然加入了更多的传统元素，但是其尺寸、比例及构图原则仍然更多地反映出对西方建筑原理的借鉴。

第三节　古典复兴式三式

1930 年 2 月，中国营造学社在北平正式创立。学社主要从事古代建筑文献资料的搜集、整理工作，并对大量的古代建筑遗存进行了实地调查、研究和测绘。中国营造学社的成立，不仅对中国古代建筑的保护起到了极大的推动作用，也对中国近代民族形式建筑的发展产生了关键的影响。

1930 年梁思成先生加入中国营造学社，1932 年 3 月主持整理完成《清式营造则例》。1932 年梁思成与杨廷宝先后参与北京古建筑修缮工程，梁思成主要负责拟定故宫博物院文渊阁楼面修理计划，而杨廷宝则通过其所在的基泰工程司参与到天坛祈年殿、西直门箭楼、国子监辟雍大殿等建筑的修缮工作中。通过对现有资料的比对发现，1930 年以后南京出现了一批较之前的大屋顶建筑更加贴近于中国传统宫殿外形的建筑。在这些建筑中，传统构件得到更加全面的采用，建筑的比例关系更加准确，整体形象更加生动，该类型兼用多种建造技术表现传统建筑的木结构特征，模拟中国传统建筑的框架式结构。这一批建筑，即为本书提出的古典复兴式第三式建筑。

一、传统墙柱构架

中国传统建筑为木结构框架式，民间有"墙倒屋不塌"的俗语。建筑物上部的一切负荷均由柱与梁枋构架负担，称为"大木作"，而墙壁并不负重——这种结构原则被称为"构架制",即以立柱四根,上施梁、枋,构成一"间"。"间"与"间"连接扩展,形成最终房屋需要的规模。中国匠师在几千年的营造过程中积累了丰富的经验,在材料的选用、结构方式的确定、模数尺寸的权衡与计算、构件的加工与制作、节点及细部处理和施工安装等方面都有独特与系统的方法或技艺。这种框架式空间的排列组合充满了古人的智慧,成了中国传统建筑的一大特点,梁思成还曾将其原理与西方钢筋混凝土结构建筑相比,以证明其先进性。

这种木结构体系的关键技术是榫卯结构,即木质构件间的连接不需要其他材料制成的辅助连接构件,主要依靠两个木质构件之间的插接。这种构件间的连接方式使木结构具有柔性的结构特征,抗震性强,并具有可以预制加工、现场装配、营造周期短的明显优势。这样的技术手段也促成了传统建筑外观特征的确立,建筑的内在结构与外观形象的逻辑关系统一鲜明,使得木结构特征既有功能上的理性与独特性,又具有外观形象上明确的认知感和识别性。

受结构理性主义影响,这种制式严谨的框架结构,在近代建筑师眼中,是足以拿来与西方建筑文明相抗衡的瑰宝。这其中,"斗栱"作为传统建筑中最重要的结构构件,并且是中国建筑风格特征最主要的组成部分之一,成了近代民族形式建筑中最常使用的传统符号。梁思成曾在《中国建筑史》中这样评价斗栱:"斗栱之组织与比例大小,历代不同,每可借其结构演变之序,以鉴定建筑物之年代,故对于斗栱之认识,实为研究中国建筑者所必具之基本知识。"

斗栱位于立柱和梁檩之间,是屋顶和屋身立柱两大部分的过渡,它为减少屋顶对立柱的压力而存在。斗栱由许多斗形木块和拱形木块组成,可以不断叠加,向外伸张,一方面可以增加房梁的荷载力,一方面可以使出檐更加深远,是一个凝练了木结构组合原理和古建筑缜密制式的功能构件。斗栱出现的时间很早,在公元前5世纪战国时期的青铜器上就有早期斗栱的形象,之后在历代遗留下来的阙、墓室以及画像砖上都可以见到斗栱的使用痕迹。在《营造法式》中,斗栱被非常清晰地分解为"枓""栱""飞昂""爵头"四个部分,其中,"枓"的形状为方形,承托横竖两个方向的重量,而"栱"则为弓形,中间有卯口,以承接与

之相交的翘或昂。《鲁灵光殿赋》中"层栌礧佹以岌峨，曲枅要绍而环
句……"，《论语》中"山节藻棁"，[①]均是较早描写斗栱的文字。斗栱
在建筑中，可处于柱头、阑额或者角柱之上，根据不同的分布分别出现
了柱头铺作、补间铺作、转角铺作等不同的类型。

斗栱在中国木结构建筑的发展过程中可分为三个阶段，这也是鉴别
我国古代建筑朝代的重要依据。第一阶段为西周至南北朝，其明显的标
志是这一时期的斗栱造型较为简单，均分布在柱顶之上，以实用为主，
承托檐下的梁、枋等构件，各斗栱间距离较大、互不相连。人字栱的斗
栱在汉代以后开始出现，斗栱的分布也从柱头扩展至柱间。第二阶段为
唐代至元代，这一时期，斗栱的作用变得更为重要，除了实用之外，还与
其他木构件有了更为紧密的关系，也就是说，斗栱的概念不再是指一个
个独立的组合体，而是建筑水平结构中必不可少的一个层次，被称为"铺
作层"。此时斗栱的发展，对于稳定建筑框架，增强建筑审美都起到了
巨大的作用。第三阶段为明代至清代，这一阶段，斗栱的尺度不断缩小，
间距加密，实用功能也逐渐下降，变成了以装饰性为主的建筑构件。

除了"枓"与"栱"，"飞昂"和"爵头"也是斗栱构件中常见的
两部分。"昂"位于斗栱前后，位置倾斜，有上下之分，常有批竹、琴
面、象鼻等多种外部形状。昂的作用主要是出跳承重，昂身往往不超过
柱中心的构件，多用于内檐、外檐斗栱里跳或者平座斗栱的外挑，除此
之外，它还可以调节出跳与挑高的关系。早期昂的结构作用十分明显，
外形特征上显得明确、硬朗，后来由于斗栱整体趋于装饰性，昂的结构
作用也随之消失，昂的外形也变得纤弱、繁密。

斗栱在近代民族形式建筑中，主要以装饰的作用出现，而不再承担
结构作用，在此期间的斗栱样式，主要有：1. 传统式，此类斗栱以五踩
重翘品字斗栱、七踩三翘品字斗栱最为常见；2. 砖砌式，以砖砌的形式
表现斗栱的基本样式，造型与传统式斗栱差之甚远，只以其上大下小、
层层递增的变化来模仿栱中的斗口、翘、爵头、昂或者简易的撑栱，作
为装饰符号，暗示斗栱的存在（图 4-10）。

斗栱在建筑中起到了承上启下的关键作用，与之相连接的梁枋同样
也是柱头与屋顶之间的承重构件。《尔雅》："宋庿谓之梁。""梁"在传

①（宋）李诫，王海燕.
营造法式译解［M］. 16-19.

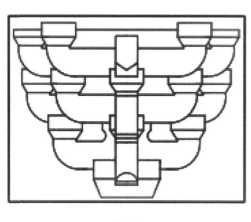

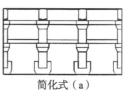

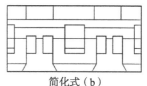

砖砌式（a）	砖砌式（b）
出现于原国民政府监察院旧址	出现于原金陵大学北大楼
简化式（a）	简化式（b）
出现于中山陵祭堂、陵门等	出现于原国民政府外交部大楼

传统式

图 4-10   南京民国建筑中的斗栱

统木结构建筑中不光承担了结构作用，还具有强烈的装饰美感，尤其是在殿堂建筑的"彻上明造"中，梁架之美一目了然。班固就在《西都赋》中形容梁架力量之美："抗应龙之虹梁"①。工匠在制造梁的过程中，常将平直的木材加工成弯曲状，因整体上似弯月，所以也称之为"月梁"。《营造法式》中还专门提到了造月梁的制度。这种中央向上拱起，整体略带弯曲的做法，使得梁的承重能力更强。

"枋"在营造法式中，则被称为"阑额"，宋以后，也称为"额枋"。梁思成先生在其《斗栱简说》中，将"枋"归为斗栱的一部分，主要是由于枋的主要功能是连接各跳横栱，是两柱之间起联系作用的横木。

"枋"常常与"梁"一起出现，实际上，"梁"是指屋架中顺着前后方向架在柱子上的长木，而枋则专指两柱和斗栱之间起联系作用的部分。两个构件的位置相邻，作用则并不完全一样。

在额枋与角柱的界面处，额枋常出头，被称为梁头，清代时常作成"霸王拳""麻叶头""菊花头"等样式。

梁枋在近代民族形式建筑中的继承，主要分为四种情况：1. 彩绘型，这种类型较为完整、全面地表现出传统建筑中老角梁、额枋等基本构件的传统样式，构件上的装饰纹样主要以旋子彩画为主；2. 雕刻型，额枋构件在这种类型的建筑中以雕刻的方式呈现，不着色；3. 简化型，只体现梁枋的局部构件，如梁头、枋头、榫头等，主要采用霸王拳、

① （宋）李诫，王海燕. 营造法式译解 [M]. 79-82.

雕刻型　　　　　　　　　　　　　　　　着色型

彩绘型

简化型

图4-11　南京民国建筑中的额枋

麻叶头、菊花头几种形式；4.着色型，指梁枋处施油彩但不绘制纹样（图4-11）。

斗栱上托屋顶，下连立柱。"柱，楹也"，在中国古汉语中，柱和楹基本同义。清段玉裁《说文解字注》谓："柱之言主也，屋之主也。……按柱引伸为支柱柱塞。不计纵横也。"[①]在中国古代建筑的结构体系中，柱是最主要的承重构件。它决定了建筑面阔进深的形制和尺度，足以影响建筑中的所有结构。"柱"一般有五种位置，分别是：檐下最外一列为檐柱；檐柱以内，除了处在建筑物中轴线上的柱子外，其余均为金柱；在建筑物中轴线上，顶着屋脊，而不在山墙里的是中柱；在山墙正中，一直顶到屋脊的是山柱；放在横梁上，下端不着地的是童柱。

中国古代建筑中的柱式，比例要求非常严格。斗口是判定尺寸的基数，柱圆直径一般是斗口尺寸的六倍，柱高则为柱圆直径的十倍。柱子一般至三分之二处开始向上内收，形成下大上小的趋势，这种做法称为卷杀收分，为的是在柱顶部使柱斗与大斗紧密相连。

为了防止木材潮腐，每根柱下均有石柱础。柱础多采用八角形，一般划分为两段或三段，上段多作石鼓形，下段为抹角方基，高度一般在30~40cm，但也有为更有效地防潮而使柱础增至80~120cm而成为短石柱的。在隔潮措施方面，也有在柱子底面，即与柱础接触处开出十字交叉的槽线，外面刻一如意纹的小缺口作柱内散潮通道的做法[②]。

中国柱式还强调柱础的"侧脚"，其作用是使柱头微向建筑内侧倾

①（宋）李诚，王海燕. 营造法式译解 [M]. 23.
②郭占月. 中外古典建筑柱式的造型与结构 [J]. 桂林理工大学学报，2001（3）：247-252.

斜，这种现象在明代以前的建筑中较为多见。从整个建筑物的几何稳定性分析，如果垂直于地面的柱是相互平行的关系，则柱与水平梁联接后组成的结构体系，在发生微小移动时，其运动状态将一直继续下去，则为几何可变体系。侧脚使得整个建筑物具有几何稳定性和沉稳的美感。[①]

"柱"的近代演变如下：1. 壁柱型，借鉴西方壁柱的形式，使中式柱与墙体连在一起。柱子的形式或方或圆，数量也较为随机，大部分建筑仅在入口处出现几根。2. 传统式，此类型以中国传统柱式为原型，力图较为贴切地表现出木结构建筑的框架感。柱子直接与窗户相连，而柱子的数量也基本仿照传统建筑，由开间数决定（图 4-12）。

① 郭占月. 中外古典建筑柱式的造型与结构 [J]. 247-252.

壁柱型

传统式

图 4-12　南京古典复兴式建筑中的传统柱式

二、探索"中国"建筑的建造标准

1933 年 4 月，国民政府教育部设立中央博物院筹备处，拟设以自然、人文、工艺三馆为展览范围的国家级博物馆，并邀请翁文灏、李济、周仁分别为三馆的主任。在此之前，国民政府已经在首都南京建成了包括北极阁气象台、紫金山天文台在内的中央研究院，以及中山陵附近的音乐台、体育场等文化类建筑。此次筹备中央博物院则是在文化事业建设上更进一步的举措。1934 年 8 月 4 日，筹备处正式致函南京市政府，拟征收中山门内路北旧旗地为院址。至 1935 年 4 月，市政府正式函复，划定半山园旗地 100 亩为院址，后又增加 93 亩。建筑费由管理中英庚款董事会补助 150 万元。建筑计划为：自然馆 1410 平方丈，人文馆 1320 平方丈，工艺馆 2000 平方丈，公用 270 平方丈，共计 5000 平方丈。[①]

博物院建筑群设计方案的确定与中山陵一样，也是通过公开竞赛甄选获得，委员会曾邀请徐敬直、杨廷宝、李宗侃、李锦沛、童寯等 13 位建筑师送设计图参选。此时，梁思成先生作为筹备委员会的专门委员，主管建筑工作，与著名建筑师刘敦桢、中英庚子赔款董事会总干事杭立武等 5 人一同，以甲方的身份参与了设计图的评选工作，最后选择了建筑师徐敬直的作品（图 4-13）。

作为博物院建筑事务的总负责人，梁思成对徐敬直、李惠伯的作品提出了很大的修改意见。首先在主要形式上，他对清式宫殿的运用提出了反对意见。彼时，梁思成已经在建筑实践和建筑史研究两个领域中做出了选择，他将更多的精力投入到对中国传统建筑的考察、调研当中，并带领中国营造学社在此领域做出了很多贡献。在梁思成的调查成果中，不仅有明清时期遗留下来的大量官式建筑，更发现了宋辽时期建筑的踪迹。一个代表国家形象的博物馆应该是什么样子？梁思成显然对此有着非常深入的思考。梁思成最终选择采用辽代建筑风格作为博物院大殿的主要形式。在对辽宁义县奉国寺、河北蓟县独乐寺、天津宝坻县广济寺等建筑进行测绘后，他掌握了大量辽宋时期建筑的资料，再加上对《营造法式》的深入解读，梁思成已经具备复原一幢辽式建筑的基本

①卢海鸣，杨新华.南京民国建筑［M］.南京：南京大学出版社，2004：127.

第一名当选，徐敬直方案南立面图

第二名，陆谦受方案南立面图

第三名，杨廷宝方案南立面图

图 4-13　中央博物院大殿方案图

能力。辽式建筑承唐风，建筑形态从容雄浑，充满诗意，充分体现了中华民族高度自信的民族精神特征。或许是带有对中国未来发展的美好希冀，梁思成最终摒弃了拘谨繁缛的清式风格，以自己的理解指导了一座辽式建筑的诞生。

　　与吕彦直、杨廷宝等建筑师以西方的比例法则来设计民族形式建筑不同，梁思成在其参与设计的南京中央博物院大殿中，则采用了中国传统建筑比例与西方建筑比例相结合的方式。

　　该建筑为木结构与钢结构混合，建筑原形参考了奉国寺（图 4-14）、上华严寺大雄宝殿、蓟县独乐寺的三开间山门以及下华严寺薄伽教藏殿。在建筑结构的具体做法上，中央博物院大殿采用了庑殿四阿顶，参照了《营造法式》中屋顶的"举折"比率以及"推山"做法，斗栱的选用则符合中国古代"厅堂级别"建筑的规格，建筑室内采用华丽的"斗八藻井"，而外立面上的阑额、户牖、勾阑等也都一应俱全；建筑大殿平面中央的四柱被省略，则是按照辽代建筑的"减柱之法"而作，整个大殿阑额断面 1/2 的比例与宝坻广济寺三大士殿和大同下华严寺海会殿相同，并与蓟县独乐寺山门和下华严寺薄伽教藏殿相近。建筑大殿的外

图 4-14 辽宁奉国
寺大殿

立面并不注重彩绘纹样的渲染，这也与明清建筑很不同，这些都体现出梁思成作为一名致力于"整理"建筑之"国故"的建筑师，对"理想"的中国传统建筑的"再造"。

值得注意的是，大殿斗栱与柱高之比是 1∶3，这与希腊柱式中最具阳刚特点的多立克柱式檐部与柱高的比例是一样的。可见，梁思成在设计这座建筑的时候，也参照了西方的古典比例标准。这种混合采用中西比例的方式，使得建筑的外形虽然看起来与古代建筑十分接近，但实质上却是一种主动的民族形式建筑的创新和探索。

梁思成曾在其主编的《中国建筑艺术图集》中提到，中国的建筑在立体的布局上，显明地主要分为三部分：（一）台基，（二）墙柱构架，（三）屋顶；无论在国内任何地方，建于任何时代，属于何种作用，规模无论细小或雄伟，莫不全具此三部。[1]以此观点与亨利·墨菲对于中国建筑的分析作比较，可看出梁思成明确地提出了墙柱构架在中国传统建筑中的重要性。

南京中央博物院大殿（图 4-15），平面为长方形，以钢筋混凝土结构为主，斗栱等部分则为木结构。其屋顶为单檐庑殿顶，屋脊覆黄色琉璃瓦，正脊两翼鸱吻为元以前风格，屋面覆红色琉璃瓦，四条垂脊上有仙人、走兽。屋面举折坡度平缓，起翘弧度大，减弱了屋顶的笨重之感，檐下斗栱无彩绘，为三踩单翘品字形，两翼老梁头以龙头为造型。

① 梁思成．中国建筑艺术图集［M］．3.

图 4-15　原中央博物院

　　该建筑面阔九间，但是为了比例上的舒适使两翼两间向外延伸，中间部分则形成一个外廊。门窗装修均为中式菱格花窗，除此之外，屋身处无过多的装饰，可见表现结构仍为梁思成设计的核心。室内装饰较为华丽，天花额枋施旋子彩画，四周为平棊格，中间则有覆斗形藻井。建筑外有水泥台基共三层，显示出建筑的级别之高，周围有水泥仿石栏杆。整个建筑朴实雄伟，气势伟岸。

　　梁思成认为中国近代官殿式建筑只不过是西方建筑带了一个传统的帽子，而真正要设计出属于中国的建筑，这样的做法是不行的。第三式的出现改变了前两式中，以西式建筑样式为建筑标准的做法，转而开始真正探索如何利用西方的先进技术、构图方式、审美原则从形式到结构特征全方位地去实践新的民族建筑，虽然仍旧是借助西方的手段，但是它试图彻底摒弃西方建筑外形。

　　在短暂的民国建筑发展史上，古典复兴式的三式之间并没有特别清晰的线性发展顺序，更像是同一时期百家争鸣的结果，就如杨廷宝先生所说"根据具体情况动脑筋，在现实基础上创作"[1]。但根据资料分析可得知，在1930年中国营造学社刊物第一次公开发表之前，中国并没有公开出版的中国传统建筑资料。大部分中国建筑师尚不具备对中国古

① 东南大学研究所. 杨廷宝建筑言论选集 [M]．北京：学术书刊出版社，1989：59.

代建筑的深刻了解，由此判断，他们中的大多数是在中国营造学社成立并公布科研成果之后，才对中国传统建筑逐渐有了较为清晰的了解。

单从与前两式的比较来看，古典复兴式第三式在建筑外形上与中国宫殿式建筑更为接近，似乎与传统建筑有更为直接的传承关系。但实际上，这一式反而是通过建筑师对传统建筑认识的加深和不断反思得来的结果，是较晚出现的一式。"外观＋建造"的二元模式是近代中国第一批建筑师对于古典复兴式的主要理解方式。

对西方建筑结构技术和中国传统建筑形式的肯定，决定了近代民族形式建筑基本范式的形成，即用西方的材料、原理建造中国传统形式的建筑。这一过程虽是一种创新，但建筑文化生硬结合下的矛盾也不可避免地出现了。

5

新民族形式建筑

民国建筑并不都以传统大屋顶为标志性符号。由汪坦、藤森照信主编，于1992年2月出版的《中国近代建筑总览·南京篇》中收录了刘先觉先生的一篇名为《南京近代建筑概说》的文章，文中将这种没有采用大屋顶符号，以其他方式来体现民族性的建筑称为"新民族形式"建筑，在南京相关建筑的文物保护碑中，对于这一类建筑也同样以此命名。

"新民族形式"建筑晚于"古典复兴式"建筑出现，其"新"是与"古典复兴式"中的"古"相对应的。在《首都计划》中，国民政府对除行政军政类以外的建筑放宽了限制，提出"政治、商业、住宅各区之房屋，其性质不同，其建筑法亦自不一律……至于商店之建筑，因需用上之必要，不妨采用外国形式，惟其外部仍须具有中国之点缀"。此举间接鼓励了近代建筑师大胆探索民族形式建筑的其他可能。

在这一时期，传统建筑形式与现代技术、现代功能结合的矛盾引起了建筑界的普遍关注，考虑到古典复兴式建筑高昂的造价，许多建筑师开始对其必要性和存在意义进行反思。童寯是其中的代表人物，1933年，他与建筑师赵深、陈植合作设计的国民政府外交部大楼被后人评为民国时期最优秀的建筑之一，是中国近代建筑史上新民族形式的重要范例。他于1930年的一篇教学笔记中这样写道："现今建筑之趋势，为脱离古典与国界之限制，而成一与时代密切关系之有机体。科学之发明，交通之便利，思想之开展，成见之消灭，俱足使全世界上'之'建筑逐渐失去其历史与地理之特征。今后之建筑史，殆紧随机械之进步，而作体式之变迁，无复东西、中外之分。"[①]表明了其对未来建筑发展的看法。除了童寯外，奚福泉、赵深、陈植等建筑师也有类似的认识，更有范文照等早年擅长于古典复兴式设计的建筑师，也对自己早年采用的那种以中式屋顶加西式屋身的简单融合型建筑表示反感。对于古典复兴式建筑的反思，对现代技术、现代主义建筑的认同，成了影响建筑师创作新民族形式建筑的主要思想来源。

新民族形式建筑一般采用现代建筑的平面组合与立体构图，并多半采用钢筋混凝土平屋顶，或用现代屋架的两坡屋顶。在檐口、墙面、门窗及入口部分施以中国传统装饰，并辅以适当的传统花纹图案。另有部

① 赖德霖. 童寯的职业认知、自我认同和现代性追求 [J]. 建筑师，2012（1）：31-44.

分建筑师在考虑如何体现民族特征的时候，采用了一种以传统建筑构筑物（如牌坊、照壁等）为造型母题的方式，也是一种脱离了古典宫殿造型的创新形式。

新民族形式建筑，造型更为灵活多样，使用空间上更为科学，造价成本上更加低廉，各种功能性质的建筑中均有采用，也被称为"现代化的近代建筑"。

第一节　新民族形式一式

新民族形式第一式建筑，采用传统宫殿以外的建筑形态为创作母题，在建筑的整体外形中，能够很清晰地看到母题的特征要素。此类建筑，整体上虽然采用了现代技术和现代功能，但是外观上还是偏向于表现传统建筑的整体特征。这种建筑所反映的是建筑师抛开大屋顶的束缚，对中西建筑文化融合进行的新的尝试；在细节处理上，则多借鉴装饰艺术风格的手法，多选用几何状的装饰。新民族形式第一式建筑还体现了一定的现代性，如忠于表现建筑材料的原始面貌，立面趋于简洁、立体等，但总的来说，仍然是折中主义影响下的产物。

原中央体育场田径场（图 5-1），是近代著名建筑师杨廷宝先生设计的一处极具特色的新民族形式建筑。它位于中山陵园区内，属于中山陵的附属建筑，于 1931 年 2 月开始建造，历时六个月完工，是当时亚洲地区最大的运动场。

这座建筑以中国传统牌楼为造型母题，整体空间根据使用需要，巧妙地分割成封闭、半封闭、开敞三种空间层次。建筑的西面为正立面，可理解为是一座七楹八柱的明楼式牌坊。

牌坊是中国传统建筑中"门"的一种，由宋代的乌头门演变而来，《义训》中解释乌头门为："表竭、阀阅也"[1]，其主要是为表彰功勋、科第、德政以及忠孝节义而立。宋式虽沿袭这种叫法，但实际"乌头

[1]（宋）李诚，王海燕.
营造法式译解［M］. 35.

图 5-1　原中央体育场

门"早在唐代就已经形成了牌楼的形式，多矗于里坊的入口处，起到"门"的作用。

"牌坊"在文献中，常常等同于"牌楼"，比如刘敦桢先生《牌楼算例》中提到"牌楼亦云牌坊"，但也有人认为，牌坊与牌楼并不完全等同。梁思成先生的《店面简说》中提及"牌坊较牌楼简单，虽亦四柱冲天，但柱间只有绦环华板，上面没有斗栱楼檐遮盖。"这里谈到的显然是自唐代来的一种多柱多间、不设明楼却借鉴了华表形式的牌坊样式，而一般意义上的牌楼，坊上均设有明楼。

牌楼从形式上又分为两类，即冲天式与牌楼式。"冲天"指的是牌坊上的间柱冒出明楼的姿态，这类牌坊也被称为柱头式；"牌楼式"的最高峰是明楼的正脊。如果分得再详细些，可以每座牌楼的间楼和楼数多少为依据，无论柱出头或不出头，都可分为"一楹二柱""三楹四柱""五楹六柱"等。柱间楼数，则也按级别以一、三、五、七、九等形式单数递增。在北京的牌楼中，规模最大的是"五间六柱十一楼"。宫苑之内的牌楼，则大都是不出头式，而街道上的牌楼则大都是冲天式。在近代，牌坊常被用作建筑群的入口大门。除了传统的牌楼式和冲天式，还有一种变异形式的牌坊，主要是在传统样式的基础上，以对形体的概括、抽象为主要手法改造而来。

田径场整个建筑高三层，两翼两个望柱比例较大且具有功能承载性，中间的六座比例较小，仅作装饰。八根望柱上均有云纹图样，这也是近代民族形式建筑常用的装饰纹样之一。底部以线条分割，看上去像仿须弥座式台基。整座田径场建筑气势雄浑，对水泥材料的凸显使得它看上去更加稳重质朴。

同样由杨廷宝先生设计的中山陵音乐台（图5-2），与中央体育场有异曲同工之妙。

这座建筑的中央，矗立着一座宽约16m、高约11m的屏障。屏障以传统照壁为造型母题，呈仿石效果，坐南朝北，矗立在长22m、宽13m的舞台上。

图5-2 中山陵音乐台

照壁，又称影壁，原意是指"隐、避"，后来渐渐发展成"影壁"二字。它是独立于房屋之外的一段墙体，也是我国传统建筑中的重要构成部分。它常常位于一组建筑群的大门外或大门内，主要的用途是挡风和遮蔽视线，让外人无法透过敞开的大门看清院内的情景。还有一种照壁，为了突出院落大门的气势，而与大门连成一体，称为"撇山影壁"，有时也成八字形，称为"八字影壁"。照壁大部分由砖砌筑，立面上常表现出屋顶、屋檐、斗栱、梁枋等木建筑的基本构件，并饰有丰富精美的吉祥雕刻，是一种兼具实用和装饰效果的建筑形式。

音乐台中央"照壁"的顶部，有三个雕成龙头形的出水口；建筑底部，看上去像是一座放大比例的须弥座台基，内部作休息室、更衣室等使用。根据北高南低的地势，舞台两翼到周围回廊逐渐升高，形成一平台式屏障，上砌钢筋混凝土花棚。

中山陵音乐台在平面布局上参考古希腊剧场，并根据不同的场地条件，在舞台前方设计了一座半月式蓄水池以扩大回音、增强音效。

第二节　新民族形式二式

新民族形式建筑中的第二式，最大的特点是将建筑的传统特征进行弱化和简化。这一式建筑主要采用西方国际式建筑风格，整体造型上摒弃了传统大屋顶这一极强的符号特征。建筑立面简洁大方，仅仅在细部上使用了一些传统装饰。建筑师在设计此类建筑的时候，运用抽象、简化、变形等多种手法对传统建筑符号进行了加工，使得它们从形式上更加西化和现代化。

一、现代主义风格的影响

19世纪末至20世纪初是世界各种不同的建筑思潮呈井喷式爆发的

一个重要时期。除了前面介绍的新古典主义、折中主义等建筑风格对近代中国的影响，另外一种非常重要的建筑思潮在德国萌芽，并迅速发展至西方各国，这就是现代主义建筑。

现代主义是工业革命的产物，但它之所以不仅仅是一种风格，而是一种主义，主要源于其背后的内涵。现代主义建筑（图 5-3）与传统建筑不同的是，它源自建筑师对人性与平凡社会更多的思考。古代建筑多是为了宗教、皇权而建造，而能够解决普通人生活需求的新建筑一直没有出现。新时代的建筑师们试图解决这一难题，于是他们反对建筑再次被桎梏在传统的形式之中，强调新结构、新材料的重要性；装饰和不必要的华丽的艺术被看作是无用的，提高建造效率、配置科学的功能才是他们眼中新建筑应该具备的。以上这些是现代主义建筑的基本特征，很明显与传统建筑有着极大的不同。

现代主义很快在西方世界传播，1919 年，位于德国魏玛的包豪斯设计学院的成立标志着现代设计教育的诞生。第二次世界大战期间，由于德国法西斯的镇压，现代主义建筑的代表人物瓦尔特·格罗皮乌斯、密斯·凡·德罗等人先后移居美国，使美国成为推动现代主义向前发展的主要地区。

现代主义影响下的建筑都具有功用性强、建造周期短的共性，这与美国社会崇尚的实用主义精神不谋而合，因此现代主义建筑迅速被吸纳消化，并在平屋顶、矩形布局的基本范式基础上添加了很多装饰性的元素，以配合美国资本市场的需要，表现国家势力不断扩张中的自信。这

图 5-3 现代主义
建筑——德国包豪
斯学院大楼

种范式也通过赴美留学的第一代建筑师带回中国（图5-4），形成了民族形式建筑特征的另一种表达方式，即在国际式风格以直线、矩形勾勒出基本建筑轮廓的同时，于局部装点中国传统式的装饰。

20世纪30年代初，现代主义建筑思想在中国的传播达到了高潮，上海的《申报》《时事新报》陆续刊登了许多介绍现代主义建筑理论的文章和译文，如勒·柯布西耶的《建筑的新曙光》等，而在《中国建筑》《建筑月刊》等学术刊物中，也有大量的介绍现代建筑运动及其发展状况的文章和译著。现代主义建筑通过大众传媒和学术刊物宣传在中国建筑学界得到了积极响应。它所反映的材料科学的理性和功能空间的理性，得到了大量中国建筑师的理解和认同。

筹建于1931年3月的国民政府外交部大楼（图5-5），最初计划由天津基泰工程司建筑师杨廷宝设计，方案秉承了民国时期南京地区行政类建筑一贯的风格，采用"古典复兴式"。因后期财政拨款、建筑用地与建筑功能的更改，杨廷宝先生的方案未能执行，转由华盖建筑事务所重新进行设计。时任华盖建筑事务所总建筑师的童寯，是民国时期较早开始对"古典复兴式"建筑进行反思的建筑师之一。在此项目中，他本着"经济、实用又具有中国固有形式"的认识，以与杨廷宝先生不同的理念完成了设计。

图5-4　梁思成与同时代的国际建筑大师

图 5-5　原国民政府外交部大楼建筑细部

　　童寯设计方案为"T"字形平面，总面积约为 5050m²，钢筋混凝土结构。该建筑采用西式平屋顶，中部高四层，两翼高三层，呈轴对称，另有半地下室一层。在该主楼的东南面，原本还有一座副楼，现已拆除。该副楼原为凸字形，与 T 字形的主楼组合起来，从平面上看好像一艘军舰的船头，形式上十分贴合外交部开拓海外、走向国际的政治形象，颇有深意。

　　从外观上看，立面横纵向皆为三段式。纵向上分为勒脚、墙身和檐部三部分，檐口以下位置有简化后的中式斗栱造型构件，斗栱以下有几何化的勾连云纹图装饰；屋身部分没有体现中式传统语言，但在建筑底部，建筑师将半地下这一层的外立面设计成了传统须弥座的样式，象征建筑的基座。整个建筑墙面用红褐色面砖贴面，使得改良后的传统装饰与建筑的整体形象融为一体。民国年间出版的《中国建筑》杂志评价外交部办公楼"为首都之最合现代化建筑物之一；将吾国固有之建筑美术发挥无遗，且能使其切于实际，而于时代所要各点，无不处处具备，毫无各种不必需要之文饰等，致使该大楼特具之简洁庄严"。①

① 张娟. 民国南京外交部大楼的建筑文化［J］. 档案与建设，2014（10）：62-65.

　　新民族形式第二式建筑受到现代主义的影响，其整体形象简洁、利落、硬朗。为了配合建筑的整体风格，建筑师除了大幅度减少中式符号的出现，在仅有的几处装饰中，更压缩了传统式构件应有的空间感。

中国传统木结构建筑中的构件，均是以卯榫方式穿插、拼接、组合在一起，构件本身具有很强的立体感和空间感。而在钢筋混凝土结构的新民族形式建筑中，出现的少许中式构件不但失去了本来的使用功能、结构功能，转为单纯的装饰，在材料上更是发生了质的变化，失去了维持原貌的意义。建筑师在处理这些符号的时候主要采用了简化、压缩、提炼的手法，使得原本具有层次感的构件变得平面化、概括化。原本的传统建筑构件在新式建筑上被抽象的线条、色块、图形所取代。这也成了新民族形式第二式建筑的一个主要特征。

如果说"古典复兴式"建筑所反映的建筑师的创造力，仅仅停留在构图与比例的推敲之上，"新民族形式"建筑的进步意义则要明显得多。它们的造型来源更加丰富，设计手法更加灵活，这其中主要的推动力来自于建筑师对"古典复兴式"建筑形态的反思。在这一时期的《中国建筑》杂志上，"功能主义""实用无不美""反对装饰"等现代主义思想曾被多次提及。可以看到，从 20 世纪 20 年代第一栋由华人建筑师设计的"古典复兴式"建筑诞生，到 20 世纪 30 年代"新民族形式"建筑的出现，短短十余年间，中国建筑界接受和传播世界范围内各种建筑思潮的速度是非常快的，这一期间，中国与世界几乎是同步的。虽然中国近代建筑始终没有摆脱"折中主义"的影响，但是西方现代主义建筑的一些基本特征已经开始反映在中国建筑之上了。

二、"构件"的承续原则

工业革命后科学的进步和机器的出现，使得人们更加明确地以客观观察和实验论去认识世界，而不再依靠精神和信仰。反映在建筑上，建筑师们开始学会去科学解剖一座建筑的构成法则，建筑的结构变得比建筑的装饰更为重要，甚至建筑的形式也必须由其科学的结构和功能来决定。1927 年梁思成在哈佛大学学习艺术史时，希区科克也正在同系读研究生。虽然并无二人交往的任何证据，但是现代主义建筑最重要的历史学家之一希区科克在 1932 年与菲利普·约翰逊共同出版了《国际式——1922 年以来的建筑》一书，这本书对现代建筑结构理性主义的评价在 1933 年通过西方建筑师林朋（Carl Lindbohm）的宣传进入中国，关于这本书造成的影响，梁思成曾说：

"所谓'国际式'建筑，名目虽然笼统，其精神观念，却是极诚实的；……其最显著的特征，便是由科学结构形成其合理的外表。……对于新建筑有真正认识的人，都应知道现代最新的构架法，与中国固有建筑的构架法，所用材料虽不同，基本原则却一样——都是先立骨架，次加墙壁的。因为原则的相同，'国际式'建筑有许多部分便酷类中国（称东方）形式。这并不是他们故意抄袭我们的形式，乃因结构使然。同时我们若是回顾到我们古代遗物，它们的每个部分莫不是内部结构坦率的表现，正合乎今日建筑设计人所崇尚的途径。"

正因为认识到中国建筑在结构体系上与西方现代建筑的相似性，所以梁思成对中国建筑在新时代的存在意义充满信心。他说："这正该是中国建筑因新科学、材料、结构，而又强旺更生的时期。"也正是以结构理性主义作为标准，梁思成对中国建筑做了美学上的等级区分：唐宋建筑为上，明清建筑为下。[①]

在近代民族形式建筑实践中，建筑师们对"结构"的重视是显而易见的，主要可以反映在以下两个方面：

首先，在选择如何继承和利用传统符号之初，"大屋顶"作为《首都计划》明确要求保留的传统元素，并没有留给建筑师太多可以选择的余地。除此之外，在中国传统建筑的其他众多素材之中，建筑师们明显更倾向于保留古代建筑中承担结构功能的构件。以南京为例，从相关建筑遗存的统计来看，总共 135 座建筑中，有 78 座用到了斗栱、额枋、立柱等传统建筑的结构构件；而带有人物、动物形象，常用作中国传统社会伦常宣教的纹样、雕饰却几乎没有出现。建筑师对"一个满足其功能的物体，会自然是美丽的"这样的功能主义审美标准表示赞同，才会将传统建筑中的实用构件看作是古典建筑美的代表以及民族文化之精华，继而予以采用。

其次，在全新的混凝土结构中，木构件必然会失去其本来的实用功能，当传统元素被"拿来"安置在新时代的建筑上时，往往只能起到装饰作用。这种原样照搬的装饰手法，在建筑外观符合古典形式的前提下

[①] 赖德霖．中国近代建筑史研究 [M]．

尚且有存在的意义，如果是一成不变地附着在更加现代的建筑上，便会显得格格不入。

既然建筑的构造原理已经产生改变，那么古老的结构构件似乎也不再有保留的价值。在近代民族形式建筑的后期发展中，很多建筑放弃了对传统柱式的保留，斗栱也简化、弱化到几乎可以忽略的程度，从最初完整保留传统结构构件，到后来果断摒弃，可以看到近代建筑师的设计思想也在"科学性"与"民族性"的平衡与较量中不断发生着改变。

最后，在传统结构构件还有没有保留价值这一问题上，笔者看到了近代建筑师的另一种尝试。中国传统木结构建筑中的构件，均是以卯榫方式穿插、拼接、组合在一起，构件本身具有很强的立体感和空间感。想要让传统"构件"真正地适应新建筑，必须首先让其产生功能上、材料上、技术上的改变，赋予新的结构意义，融入新的建筑形式。比如，一部分建筑选择不再对传统构件作"仿木处理"，也不再为其施彩绘装饰，这种现象在中山陵、国民政府外交部大楼等建筑中能够很明显地看到，保留了"传统符号"由新材料本身带来的肌理状态。另外，还有一些设计师改变了这些符号的原始比例，或以线条提炼的方法简化其样式，使之适应新的建筑体量和外观，变成建筑结构的全新部分或成为一种新的装饰手法。这样的例子大量出现在国民政府大会堂、国立美术馆为代表的新民族形式建筑中。在这两座建筑中，简洁的立面上，通透的、贯通各楼层的玻璃窗成为建筑主体的主要组成部分，为了体现建筑的民族性，设计师采用了传统窗格纹样来装饰，与此同时，改变了窗格的旧有比例，以配合建筑的整体体量。旧有的传统"构件"通过一系列变化成了新建筑结构中的一部分，这种结构——装饰——结构的转变在当时具有重要的创新意义。

第三节　适应性的装饰语言

建筑作为人类社会物质文明和精神文明的共同产物，较其他艺术类型而言，具有更为复杂的属性。作为依附于建筑主体而存在的建筑装饰，总是承担着影响建筑艺术形态，丰富建筑多样性，表达建筑精神内涵的职责。建筑装饰是一种社会产品，作为社会产品必然带着文化的烙印。《大不列颠百科全书》对建筑装饰做如下解释：指通常因装饰或美化的目的而在纯粹结构之外添增的任何部件。建筑上的装饰可以区分为三个基本且十分清楚的范畴：模仿装饰，其形式具有一定的含义或象征意义；附加装饰，为增加结构的美观而外加的装饰；有机装饰，与建筑的功能或材料有关的装饰。

自现代主义萌芽开始，建筑设计越来越强调对于"普适性"及"实用性"的要求，相比起古代社会在建筑设计中对精神寄托的追求，现代主义建筑则强调为物质文明更好地服务。在此过程中，建筑装饰变成了"无用""浪费"的代名词，而逐渐受到轻视。近代民族形式建筑虽然诞生于现代主义萌芽阶段，也持续受到了现代主义设计思想的影响，但因为一直没有剥离伴随"民族主义"共同成长的发展内核，在建筑装饰方面并未出现完全摒弃的现象，反而因为始终坚持的关于"中国固有形式"的探索，在建筑装饰方面激发出了新的火花。

一、造型几何化

建筑装饰作为社会文化的一种物化产品，也是一个有机整体，与文化的三个层面（器物、制度、精神）呈现一一对应的关系。其最外层的是物质层面，即物质的存在形式，是物化劳动的直接体现。这个层面主要包括两大部分：一是各类建筑装饰的实用功能，例如便利、舒适、坚固、经济等，它随着生产和生活方式的演进而演进；二是建筑工程技术，如结构、工艺、材料、设备、能源、工具等，它随着科学技术的发展而发展。这两部分内容都具有无限的发展空间，可以明确判断建筑装饰的现代化程度高低，装饰手段的先进与否。这两个部分也是相对活跃的因素，该物质层面的变革与整个社会生产力的关系极为密切，最富有时代性和变易性。建筑装饰的中间层面，即心物结合部分，是规定文化机体类型的权威力量。它一方面制约着物质层面，调节着这个层面运动的方向和速度，同时又受着心理层面的制约，被心理机制规定着运动的节奏和方式，所以它也就成为建筑文化类型定性的依据。这个层面包括人对建筑的认识观念、相应的典章制度、设计的思想和方法、建筑装饰的形式和风格、社会政治、经济、风俗等内容。这个中间层面在一定程度上决定了不同时期不同地域的建筑装饰的类型、风格与形式。建筑装饰的最核心层面，即心理、精神机制部分，是三个层面中最为恒久的构成因素。它包括价值观念、思维模式、哲学思想、社会心理、道德标准、审美意识、审美趣味等内容。心理、精神层面总是和民族特征紧密相联，因为每个民族都有不同的特征、个性，并且一个民族长期的心理积淀难以在短期内改变，即使存在文化异化和融合的过程，传统的力量仍然是非常强大的。

工业革命之后，人类社会的大多数生产活动逐渐由机器替代，复杂的装饰图案因为不符合机器生产的高效标准，不具有普适性而被忽视。伴随着时代需要，一种更加简单、明快的艺术风格出现了，这就是装饰艺术风格（Art Deco）。装饰艺术风格是在20世纪20~30年代在法国、美国和英国等国家流行的一种特殊的艺术风格，是新艺术运动的延续，也是工艺美术运动和现代主义之间的过渡。装饰艺术风格常采用机械作用下生成的几何线条作为装饰，常用如扇形、圆形、放射状等理性的图案，强调造型中的秩序感与节奏感。它既是一种新时代要求下诞生的审美标准，又是对机器时代艺术缺失的反驳。

几何造型的装饰纹样，是源于大自然的数学之美，并不是在近代才被人类所喜爱。在古代东西方文明中都能看到大量的几何纹样，这种看上去非常简单的纹样，被看作是连接人类文化的一种符号，表现了不同文明中不同人种之间的某些共性。随着人类生活的逐渐稳定，以及精神层面更加深入的追求，大量复杂的图腾、纹样开始出现，手工技艺的发展使得艺术形象变得越来越生动、逼真，造型变得多元，建筑也变得越

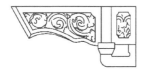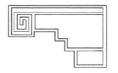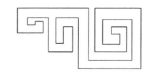

图 5-6 雀替在南京民国建筑中的演变

来越复杂，单纯的几何形不再是装饰造型的主流。人类进入工业文明之后，机器的大量使用使得有关几何形体的审美复苏了。建筑也不例外，尤其是形式服从功能的思想越发壮大，建筑学家对这些由机器作业方式决定的造型给予了极大的推崇，这也是早期现代主义建筑理念的一大特点。

在近代民族形式建筑中，可以看到很多这样的例子，以中英庚子赔款董事会为代表的一批建筑，屋脊鸱吻由龙首鱼尾的动物形状变成了几何云纹形；国民政府资源委员会岗亭、总统府图书馆等建筑中的雀替，也被抽象成了几何样式（图 5-6）；在中央体育场、中山陵音乐台等建筑中，建筑师将望柱等构件原本的曲线或圆形造型改为折线或方形，等等。

二、形体概括化

承载意义是建筑装饰的最终目的，建筑装饰的存在最初可能是出于实用的原因或者是审美的原因，但是实用和审美并非是唯一的原因和最深层次的原因。意义的承载是建筑装饰的一个精神属性，比实用的需要与审美的表达更能揭示建筑装饰的本质所在。不论是中国还是西方的建筑装饰，意义的承载是最深层最核心的。

海德格尔非常重视事物意义的表达，在他看来，所有的艺术都是诗意的，诗意的一个重要特征就是非理性。海德格尔提出"人，诗意地栖居在这片大地上"，"诗意"是人类栖居的本质，它并非仅仅表达一种审美情态，实际指的是人类寻求生存根基、重建价值信念的现实活动。[①]舒尔茨以海德格尔现象学的方法分析建筑的意义，提出了"存在空间""场所精神"等重要概念。他说："建筑是一种活生生的现实，自远古以来，它已使人类的存在富于意义，并使人类在时空之中寻找到了一

① 秦红岭. 建筑的伦理意蕴. 北京：中国建筑工业出版社，2006：9.

个立足之点。所以建筑更关注存在的意义。……所以建筑不能用几何或符号概念来完满表达，而应理解成为一种象征形式，是意义的表达。建筑史是存在意义史的一部分，西方建筑史上不同时期的建筑都是特定时期宗教和哲学主导思想的物质表现，并因此成为表达和传载人对世界和自己的存在意义之理解的象征形式……"①

近代民族形式建筑装饰化繁为简的另一个特征是形体抽象化。前面已提到，传统符号不再具备原有的结构功能，它们之所以承续，更多的是为了体现一种民族文化，在适应新的建筑形态的过程中，必然会经历一些造型上的改变。在原国立美术馆的建筑立面中可以看到（图5-7），巨大的开窗被两条纵向的墙体分割成三部分。建筑师在墙体上端设计了传统的额枋造型，但是并没有刻意去深化这种构件的形象，仅仅用了几道凹陷的横线和简单的装饰，便让人意识到它存在的用意。在纵向墙体

① 转引自：秦红岭. 建筑的伦理意蕴. 14-15.

图5-7 原国立美术馆大楼立面

的两侧，建筑师参考了传统雀替的造型装饰。中国传统建筑中的雀替，是一种安置在柱头两侧的构件，建筑师的这种做法，似乎暗示了这两条纵向的墙体是传统柱式的变形。除此之外，在国民政府监察院建筑中，大屋顶下的斗栱造型，已经不再表现传统斗栱中的各种细节构件，仅仅保留了斗栱上大下小、层层递进的造型趋势，以叠涩的手法进行概括。

除了对建筑的部分构件进行抽象提取，相关建筑中，还常见整栋建筑以传统建筑原形为母题进行抽象表现的例子。比如前面提到的国立美术馆，整体造型来源于中国传统建筑中带有照壁的八字门形象；杨廷宝设计的中央医院，造型灵感则来源于中国传统建筑中的栏杆；同样是杨廷宝设计的国民政府资源委员会大门，将中国传统大门的屋顶屋脊完全弱化，只留下一排简单的琉璃瓦，大门的门头也做到最简化，虽然造型来源于古代牌坊，但已与原题相去甚远。

三、色彩单一化

中国传统的建筑装饰是礼制精神的体现，尤其是在建筑用色上，有着非常严格的要求。早在周代，《礼记》对作为坛台使用的堂做了规定："天子之堂九尺，诸侯七尺，大夫五尺，士三尺，天子诸侯台门。"《明史·舆服志》记载了明初对府邸住宅的规定："亲王府制，洪武四年定城高二丈九尺，正殿基高六尺九寸……九年定亲王宫殿门庑及城门楼皆覆以青色琉璃瓦……，公主第厅堂九间十一架施花样脊兽，梁栋斗栱，檐彩色绘饰，惟不用金，正门五间七架……，官员营造房屋不许歇山转角、重檐重栱……庶民庐舍……不过三间五架……；不许用斗栱饰彩色……不许造九五间数房屋……"[1]中国传统装饰具有与阴阳五行相关的象征意义。《周礼·冬官·考工记第六》："画缋之事，杂五色。东方谓之青，南方谓之赤，西方谓之白，北方谓之黑，天谓之玄，地谓之黄。青与白相次也，赤与黑相次也，玄与黄相次也。青与赤谓之文，赤与白谓之章，白与黑谓之黼，黑与青谓之黻，五采备谓之绣。土以黄，其象方天时变。火以圜，山以章，水以龙，鸟兽蛇。杂四时五色之位以章之，谓之巧。凡画缋之事后素功。"[2]

[1]《明史》卷六八《舆服志》，转引自：潘谷西. 中国建筑史. 北京：中国建筑工业出版社，2004：216.
[2] 李砚祖. 装饰之道. 北京：中国人民大学出版社，1993：111.

亨利·墨菲曾将丰富的色彩看作是中国传统建筑的重要特征之一，近代民族形式建筑如原国民政府行政院、原励志社等，依然大体保留了传统明清建筑的配色，但也另有一些建筑，尤其是新民族形式建筑，在色彩选用上表现出了单调化、朴素化的趋势。中山陵是南京民国建筑中非常重要的一处，整体建筑只呈现了蓝色和建筑材料的本色。吕彦直在设计中单独使用蓝色，主要想表达的是对孙中山先生为近代中国打开了一片青天的敬意。单独使用蓝色，也使整个中山陵建筑群显得肃穆、典雅。

任何艺术形态都离不开技术的作用与影响，建筑装饰是一门视觉艺术，其表现形式也需要通过一定的内容支撑。技术因素为装饰提供了充实的物质内容，其内容包括装饰工艺、装饰材料、结构形式、施工技术、设备设施等。技术的每一次飞跃与发展都为建筑装饰的创作提供了新思路、新面貌，甚至是新的设计理念。工艺是具体的操作方法与流程，是建筑装饰技术的核心内容。工艺往往能够产生新的装饰形式，有的时候工艺本身就是一种装饰的方式与形式，工艺不仅产生艺术的形式，而且也是艺术的存在方式。奥地利著名的美术史学家李格尔在论述几何形风格问题时也注意到了工艺与装饰形式之间的关系，他说："编结物和织物由于技术上的影响，限定了它只能织成线型的装饰图案，属于技术性的美术。……当用黏土制作一只高脚杯时，人们就在上面刻上曲折的花纹。在陶制的高脚杯上，就像在织物中的箭翎纹一样，并不是为了生存目的不得已而绘制的纹样。……所以，起先是在纯技术过程中偶然发现的曲折的几何形图案，就成了一种装饰，一种美的图案了。"李格尔从起源意义上分析了工艺与装饰之间的必然关系。随着科学技术的发展，工艺在不断地改进、翻新，特别在科学技术飞速发展的今天，高科技含量的技术成为建筑装饰不断推陈出新的必要手段。每个时代不同的工艺技术与社会生产力是紧密相关的，并能透过建筑装饰的工艺让人感受到鲜明的时代气息。

材料是建筑装饰技术的另一项核心内容。材料与技术相辅相成，材料的更新促使新技术的探索，技术的进步、生产力的发展又对材料提出新的要求，因此建筑装饰材料日新月异地产生并发生变化。木材、石料和砖材是传统的建筑装饰材料，由于材料力学性能的限制，建筑的跨度一直很难突破罗马万神庙的跨度。直到出现了现代意义上的混凝土和钢材，材料与技术的结合才使得结构突破了限制。在近代民族形式建筑中，因技术材料而带来的新的建筑装饰倾向也很明显。建筑材料的质感表现，主要体现在两个方面，一是材料本身的状态，二是经过加工处理之后的材料形态。首先，不同的材料带来的实际功用和艺术效果不同，其次，同一材料表面运用不同的手法处理也会取得不同的艺术效果。

中国近代民族形式建筑，主要是钢筋混凝土结构、砖木结构、砖混结构，其中以钢筋混凝土结构的运用最为广泛，实现了很多世界范围内的首次尝试。比如如何以不同的结构方式实现中国古典大屋顶形式的建筑：为了建造出符合古典建筑要求的屋顶形式，屋面桁架的排列方式必须进行仔细的考虑，支撑屋面板的三角形屋架的上弦杆也必须由直线改为曲线，以模拟传统屋顶的"举折"形象。在原国民政府行政院、励志社等建筑中，可以看到大量使用中国传统纹样和色彩的痕迹。中国传统建筑大多以油彩施以彩绘，以表现建筑的精神内涵和等级，近代钢筋混凝土建筑不仅从结构方面对传统古典建筑进行了模拟，还在表面装饰上完成了对传统的致敬，甚至模拟出了传统建筑中木结构的质感。在杨廷宝设计的国民政府中央党史史料馆、国民政府监察委员会旧址以及南京大学图书馆等建筑中，对明清古典建筑结构的模仿痕迹非常明显，其钩心斗角、雕梁画栋，材料装饰之真实，从视觉上让人很难相信这是一座钢筋混凝土结构的建筑。而在南京中央博物院大殿设计中，为了更好地建造一座"理想"中的中国古典建筑，梁思成则选用了真实的木料来辅助完成这件作品。可见，在民国时期的南京，建筑材料的选用是具有多样性的，并且在技术和艺术上也已经达到了一定的高度。

在南京民国建筑中，以中央体育场、中山陵音乐台、国立美术馆、中央医院为代表的新民族形式建筑，大多没有外表的色彩装饰，转而将建筑材料的原始特性展现在大众面前。这种做法，一方面体现了早期现代主义中去装饰化的理念，另一方面，也展现了混凝土本身丰富多变的肌理之美。

混凝土材料实际上是一种具有很强的艺术美感的材料，它结构致密，拥有很强的厚重感和体量感，给人沉着、稳重的心理体验；极强的可塑性又使得它本身装饰特性平和，不抢眼，适应性强；另外它呈现出的天然的灰色调性，带着一种自然、朴素的纯粹之美。钢筋混凝土虽然是一种从西方传来的新型材料，但是却与中国传统文化中沉着、隽永的一面相得益彰，通过不同形式的塑造，竟然也能够把传统、现代、科学、艺术等不同的情感空间演绎得恰到好处。

四、结构装饰化

结构装饰化是对结构本身进行美化、修饰和艺术化处理，使得形式美感与结构功能融为一体。对结构进行的装饰兼具自然的属性特征和人工的属性特征。自然的属性特征是利用材料本身所固有的属性形成的装饰，如材料的质感和肌理等的表现，人工的属性特征是人为加工的痕迹，也就是装饰的各种技术手法和手段。当装饰作为整体构图的一部分融于结构之中时，就产生了具有雕塑感和可塑性的装饰结构化的建筑，或者称为"有机建筑""表现主义建筑"。这种情况下，装饰与建筑的体形很难分开，或者可以说装饰异化为体形了，而体形也异化为装饰了。正如彼得·柯林斯所认为的那样，现代主义建筑中装饰没有消失，而是作为建筑构图本身的一部分，建筑与素净的、朴实的和本色的房子之间的主要区别，仍然主要是一个随心所欲的形状问题，不论它是被装饰结构化了，还是成了建造的装饰。装饰并未灭亡，它仅仅是不知不觉中融合于结构之中了。[1]

台基是中国传统建筑非常重要的组成部分，有着悠久的历史。"古之民，未知宫室时，就陵阜而居，穴而处，下润湿伤民，故圣王作为宫室。为宫室之法，曰：室高足以辟润湿，边足以圉风寒，上足以待雪霜雨露。"[2] "台"和"台基"的出现，是中国古代建筑取得的十分伟大的进展，它证明了早期建筑终于从最开始的地下半地下式发展到地面以上。由于自然条件的限制，木结构建筑很容易被雨水腐蚀，或是遇到虫蚁侵害，台基的出现很好地解决了这一问题，它是人类营造安全生活环境所作出的努力。

[1]（英）柯林斯. 现代建筑设计思想的演变［M］.
[2] 李盈颉. 中国传统建筑中台基的发展［J］. 城市建设理论研究（电子版），2012（7）.

早期的建筑台基以土堆造，这点从河南安阳发掘的殷墟遗址可见。台基在古代典籍中出现都为"堂"，"堂"即台基的称谓，而非今日我们所理解的厅堂。《考工记》记载"堂之上为五室也……"其中堂就是台基的意思。由于土料不够坚固，遇雨水很容易侵蚀，台基渐渐发展为用砖或石料包砌，坚固耐久。发展至宋代，"堂"之称被"阶基"取代，清代以后与今天的称谓相同，为"台基"。台基的出现，一方面从功能上解决了木结构建筑的很多不足，另一方面从观瞻上烘托了传统建筑的气势，除此之外，其演变出的不同形制也是中国传统社会制度的体现。

由于材料的进步和建筑结构的变化，近代民族形式建筑中的台基已经不再影响建筑的结构，相关遗存中，有很多摒弃了外观上对台基这一形象的表现；而能看到"台基"的建筑，主要是基于两点原因，一是维持建筑外形比例上的美观，二是配合民族形式的需要。值得注意的是，为了使建筑从形式上更加贴近传统建筑，表现出中国古建筑威严、大壮之感，建筑师常采用一种将屋身的下三分之一部分外立面与台基相连，采用相同或相近的材料，让它们在视觉上融为一体，好似升高了台基。该做法往往搭配传统栏杆，或是与真台基混合搭配来增加建筑台基的气势（图 5-8）。这是建筑师在近代时期为表现建筑的传统特征所做的一种新的尝试（表 5-1）。

图 5-8　金陵女子大学中的变异式台基

表 5-1

南京民国建筑（单体）用例表

序号	曾用名	始建时间（年）	结构	屋顶	吻兽	斗拱	额枋	仿木柱	裙板	纹样	台基	基本外形	备注
①	江苏咨议局												
①-1	大楼	1909	砖木	变异式（局部）	无	无	无	无	无	无	普通型	简单混合式	
②	总统府												
②-1	孙中山临时大总统办公室	1910	砖木	变异式	无	无	无	无	无	无	普通型	简单混合式	
②-2	图书馆	1929	砖木	平顶式	无	无	无	无	无	无	无	新民族式一式	
②-3	穿堂	1935	砖木	平顶式	无	无	无	有	无	有	无	简单混合式	
②-4	花园游廊	1935	钢混	平顶式	无	无	无	无		有	无	新民族式二式	
②-5	主计处大楼	1935	钢混	平顶式	无	无	无	无	无	无	无	新民族式二式	
③	金陵大学												
③-1	科学馆	1912	砖木	变异式	传统式	无	无	无	无	无	无	古典复兴一式	
③-2	礼拜堂	1918	砖木	变异式	无	砖砌式	无	无	无	有	无	古典复兴一式	
③-3	行政楼	1919	砖木	变异式	传统式	砖砌式、传统式	无	无	无	无	无	古典复兴一式	建筑中部有钟楼
③-4	小礼拜堂	1923	砖混	传统式	传统式	无	无	无	无	有	普通型	古典复兴一式	檐下有仿椽头装饰
③-5	甲乙宿舍楼	1919	砖木	变异式	无	无	无	无	无	无	无	古典复兴一式	檐下有仿椽头装饰
③-6	丙丁宿舍楼	1919	砖木	变异式	无	无	无	无	无	无	无	古典复兴一式	檐下有仿椽头装饰

续表

序号	曾用名	始建时间（年）	结构	屋顶	吻兽	斗拱	额枋	仿木柱	裙板	纹样	台基	基本外形	备注
③-7	裘义理楼	1925	砖木	变异式	传统式	无	无	无	无	无	无	古典复兴一式	檐下有仿椽头装饰
③-8	戊己庚宿舍楼	1925	砖木	变异式	无	无	无	无	无	无	无	古典复兴一式	
③-9	东北大楼	1935	砖木	变异式	传统式	无	无	无	无	无	无	古典复兴一式	檐下有仿椽头装饰
③-10	辛王宿舍楼	1936	砖木	变异式	无	无	无	无	无	无	无	古典复兴一式	
③-11	图书馆	1936	钢混	传统式	传统式	无	彩绘	有	无	有	传统型	古典复兴三式	
④	道圣堂												
④-1	道圣楼	1915	砖木	变异式	传统式	无	无	无	无	无	无	古典复兴一式	
④-2	益智楼	不详	砖木	结合式	无	无	无	无	无	无	无	古典复兴一式	
④-3	约翰玛吉图书馆	不详	砖木	传统式	传统式	无	着色	有	有	有	变异式	古典复兴一式	
④-4	尊道楼	不详	砖木	传统式	无	无	无	无	无	无	无	古典复兴一式	
⑤	金陵女子大学												
⑤-1	中大楼	1922	钢混	变异式	传统式	传统式	着色	壁柱	有	有	普通型	古典复兴二式	
⑤-2	自然科学楼	1922	钢混	传统式	传统式	传统式	着色	壁柱	有	有	普通型	古典复兴二式	
⑤-3	行政楼	1922	钢混	传统式	传统式	传统式	着色	壁柱	有	有	普通型	古典复兴二式	
⑤-4	400号宿舍楼	1922	钢混木屋架	传统式	传统式	传统式	着色	有	有	有	普通型	古典复兴二式	通过游廊相连

续表

序号	曾用名	始建时间（年）	结构	屋顶	吻兽	斗拱	额枋	仿木柱	裙板	纹样	台基	基本外形	备注
⑤-5	500号宿舍楼	1922	钢混木屋架	传统式	传统式	传统式	着色	有	有	有	普通型	古典复兴二式	通过游廊相连
⑤-6	600号宿舍楼	1922	钢混木屋架	传统式	传统式	传统式	着色	有	有	有	普通型	古典复兴二式	
⑤-7	700号宿舍楼	1924	钢混木屋架	传统式	传统式	传统式	着色	有	有	有	普通型	古典复兴二式	
⑤-8	大礼堂	1934	钢混	传统式	传统式	传统式	着色	有	有	有	变异式	古典复兴二式	
⑤-9	图书馆	1934	钢混	传统式	传统式	传统式	着色	有	有	有	变异式	古典复兴二式	
⑥	中山陵												
⑥-1	博爱坊	1928	石质	传统式	无	无	雕刻	无	无	有	传统型	古典复兴二式	
⑥-2	陵门	1928	石质	传统式	云纹式	简化式	雕刻	无	无	有	传统型	古典复兴二式	
⑥-3	休息室（一）	1928	砖混	传统式	无	无	雕刻	无	无	无	普通型	古典复兴二式	
⑥-4	休息室（二）	1928	砖混	传统式	无	无	雕刻	无	无	无	普通型	古典复兴二式	
⑥-5	碑亭	1928	石质	传统式	云纹式	简化式	雕刻	无	无	有	传统型	古典复兴二式	
⑥-6	祭堂	1925	石质	传统式	云纹式	简化式	雕刻	无	无	有	传统型	古典复兴二式	室内有石柱、藻井
⑥-7	墓室	1925	石质	穹顶	无	无	无	无	无	不详	不详	古典复兴二式	
⑦	北极阁气象台												

续表

序号	曾用名	始建时间（年）	结构	屋顶	吻兽	斗拱	额枋	仿木柱	裙板	纹样	台基	基本外形	备注
⑦-1	气象塔	1928	钢混	平顶式	无	无	无	无	无	有	普通型	新民族式一式	塔状
⑦-2	图书馆	1930	砖木	传统式	传统式	无	无	有	无	无	普通型	古典复兴二式	
⑦-3	资料室	1930	砖混	传统式	传统式	无	无	有	无	无	普通型	古典复兴二式	
⑧	国民党励志社总社												
⑧-1	大礼堂	1931	钢混	混合式	云纹式	无	彩绘	无	无	无	普通型	古典复兴二式	
⑧-2	一号楼	1929	砖木	传统式	传统式	无	彩绘	无	无	无	变异式	古典复兴一式	入口有中式雨棚
⑧-3	二号楼	1930	砖木	传统式	传统式	无	彩绘	无	无	无	变异式	古典复兴二式	入口有中式雨棚
⑨	国民革命军遗族学校												
⑨-1	牌坊	1929	砖木	传统式	传统式	传统式	无	无	无	无	传统型	古典复兴一式	牌楼式
⑨-2	校舍一	1929	砖木	变异式	无	无	无	无	无	无	普通型	古典复兴一式	入口有中式雨棚
⑨-3	校舍二	1929	砖木	变异式	无	无	无	无	无	无	普通型	古典复兴一式	
⑨-4	校舍三	1929	砖木	变异式	无	无	无	无	无	无	普通型	古典复兴二式	
⑨-5	礼堂	1929	砖木	变异式	无	无	无	无	无	有	无	古典复兴二式	
⑩	国民政府行政院、铁道部、粮食部												
⑩-1	行政院大楼	1930	钢混	变异式	传统式	传统式	彩绘	壁柱	有	有	传统型	古典复兴二式	屋内有平棊格天花，中部有藻井

续表

序号	曾用名	始建时间（年）	结构	屋顶	吻兽	斗栱	额枋	仿木柱	裙板	纹样	台基	基本外形	备注
⑩-2	粮食部大楼	1933	钢混	变异式	无	无	彩绘	壁柱	有	有	普通型	古典复兴二式	通过二层走廊与行政院大楼相连
⑩-3	住宅楼（一）	1933	砖混	变异式	无	无	无	无	无	无	普通型	古典复兴一式	入口有中式雨棚
⑩-4	住宅楼（二）	1933	砖混	变异式	无	无	无	无	无	无	普通型	古典复兴一式	入口有中式雨棚
⑩-5	住宅楼（三）	1933	砖混	变异式	无	无	无	无	无	无	普通型	古典复兴一式	入口有中式雨棚
⑩-6	住宅楼（四）	1933	砖混	变异式	无	无	无	无	无	无	普通型	古典复兴一式	入口有中式雨棚
⑩-7	住宅楼（五）	1933	砖混	变异式	无	无	无	无	无	无	普通型	古典复兴一式	入口有中式雨棚
⑩-8	住宅楼（六）	1933	砖混	变异式	无	无	无	无	无	无	普通型	古典复兴一式	入口有中式雨棚
⑩-9	宿舍楼	1933	砖混	变异式	无	无	无	壁柱	无	无	无	古典复兴二式	
⑪	中央体育场												
⑪-1	田径场	1931	钢混	平顶式（局部）	云纹式	无	雕刻	无	无	有	普通型	新民族式一式	露天型体育场
⑪-2	国术场	1931	钢混	平顶式（局部）	无	无	局部	无	无	有	变异式	新民族式一式	露天型高台，入口处有牌坊一座
⑪-3	篮球场	1931	钢混	平顶式（局部）	无	无	局部	无	无	有	变异式	新民族式一式	露天型高台四周有牌坊八座
⑪-4	游泳馆	1931	钢混	传统式	云纹式	无	彩绘	无	无	有	变异式	古典复兴一式	连接露天泳池
⑫	国民政府交通部												

续表

序号	曾用名	始建时间（年）	结构	屋顶	吻兽	斗拱	额枋	仿木柱	裙板	纹样	台基	基本外形	备注
⑫-1	主楼	1930	钢混	变异式	不详	传统式	雕刻	无	无	有	变异式	古典复兴一式	战争中屋顶损坏
⑬	国民政府考试院												
⑬-1	东大门	1930	钢混	传统式	传统式	传统式	彩绘	无	无	有	传统型	古典复兴一式	
⑬-2	西大门	1930	钢混	无	无	无	雕刻	无	无	有	无	古典复兴一式	牌坊式建筑
⑬-3	明志楼	1933	钢混	传统式	传统式	简化式	彩绘	无	无	有	变异式	古典复兴二式	入口有中式雨棚
⑬-4	华林馆	不详	砖木	传统式	传统式	简化式	无	无	无	有	普通型	古典复兴二式	
⑬-5	宝章阁	1934	钢混	混合式	无	传统式	无	无	无	无	普通型	新民族式二式	
⑬-6	院秘书处、参事处和铨叙部	不详	钢混	传统式	传统式	无	无	有	无	有	普通型	古典复兴二式	
⑭	国立中央研究院												
⑭-1	社会科学研究所	1931	砖混	混合式	传统式云纹式	无	彩绘	无	有	有	变异式	古典复兴二式	入口有中式雨棚
⑭-2	地质研究所	1931	钢混	传统式	传统式	简化式	彩绘	无	有	有	变异式	古典复兴二式	入口有中式雨棚
⑭-3	历史语言研究所	1936	钢混	变异式	传统式	简化式	彩绘	无	有	有	变异式	古典复兴二式	入口有中式门1套 阳台有中式栏杆
⑭-4	总办事处	1947	钢混	传统式	传统式	简化式	彩绘	无	无	有	变异式	古典复兴二式	以河北兴隆寺摩尼殿为原型

续表

序号	曾用名	始建时间（年）	结构	屋顶	吻兽	斗拱	额枋	仿木柱	裙板	纹样	台基	基本外形	备注
⑭-5	岗亭（一）	1947	砖混	传统式	传统式	无	彩绘	无	无	有	变异式	古典复兴三式	
⑭-6	岗亭（二）	1947	砖混	传统式	传统式	无	彩绘	无	无	有	变异式	古典复兴三式	
⑮	国民革命军阵亡将士公墓												
⑮-1	陵门	1933	钢混	传统式	传统式	无	着色	无	无	有	传统型	古典复兴三式	
⑮-2	牌坊	1933	钢混	传统式	传统式	传统式	雕刻	无	无	有	传统型	古典复兴三式	
⑮-3	纪念馆	1931	钢混	传统式	传统式	传统式	着色	有	有	无	普通型	古典复兴三式	
⑮-4	纪念塔	1933	钢混	传统式	传统式	传统式简化式	无	无	无	有	传统型	古典复兴三式	
⑮-5	公墓	1933	砖混	无	无	无	无	无	无	无	无	新民族三式	美国式公墓
⑮-6	祭堂	不详	钢混	传统式	无	无	彩绘	有	无	有	普通型	古典复兴三式	六角亭
⑯	小红山官邸												
⑯-1	门楼	1931	砖混	传统式	传统式	无	彩绘	有	无	无	变异式	古典复兴三式	
⑯-2	主楼	1931	钢混	变异式	传统式	无	彩绘	无	有	有	传统型	古典复兴三式	入口有中式雨棚
⑰	谭延闿墓												
⑰-1	牌坊	1933	钢混	无	无	无	雕刻	无	无	有	普通型	古典复兴三式	冲天式牌坊
⑰-2	祭堂	1933	钢混	传统式	传统式	无	彩绘	有	有	有	普通型	古典复兴三式	

续表

序号	曾用名	始建时间（年）	结构	屋顶	吻兽	斗栱	额枋	仿木柱	裙板	纹样	台基	基本外形	备注
⑰-3	蓄室	1933	钢混	穹顶	无	无	无	无	无	无	无	古典复兴三式	前有华表一对、狮子一对，花盆一对
⑰-4	幕前亭	1933	钢混	传统式	传统式	无	彩绘	有	无	有	普通型	古典复兴三式	
⑰-5	临瀑阁	1933	钢混	传统式	无	无	彩绘	有	无	不详	传统型	古典复兴三式	
⑱	紫金山天文台												
⑱-1	台本部	1931	砖混	平顶式	云纹式	传统式	彩绘	无	无	无	变异型	新民族一式	入口处有牌坊
⑱-2	子午仪室	1934	砖混	平顶式	无	无	无	无	无	有	普通型	新民族式一式	顶部有中式栏杆
⑱-3	公赤道仪室	1934	砖混	平顶式	无	无	无	无	无	有	普通型	新民族式一式	顶部有中式栏杆
⑱-4	变星仪室	1934	砖混	平顶式	无	无	无	无	无	有	普通型	新民族式一式	顶部有中式栏杆
⑲	中山陵附属建筑												
⑲-1	藏经楼	1935	钢混	传统式	传统式	传统式	彩绘	有	有	有	传统型	古典复兴三式	
⑲-2	仰止亭	1931	钢混	传统式	传统式	无	彩绘	有	无	有	普通型	古典复兴三式	平棊格天花
⑲-3	正气亭	1947	钢混	传统式	传统式	传统式	彩绘	有	无	有	普通型	古典复兴三式	平棊格天花及覆斗形藻井
⑲-4	流徽榭	1932	钢混	传统式	云纹式	无	彩绘	有	无	有	传统型	古典复兴三式	
⑲-5	行健亭	1933	钢混木屋架	传统式	无	无	彩绘	有	无	不详	普通型	古典复兴三式	平棊格天花

续表

序号	曾用名	始建时间（年）	结构	屋顶	吻兽	斗拱	额枋	仿木柱	裙板	纹样	台基	基本外形	备注
⑲-6	光化亭	1931	石质	传统式	传统式	传统式	雕刻	无	无	有	传统型	古典复兴三式	
⑲-7	志公殿	1941	砖混	传统式	传统式	无	无	有	无	有	传统型	古典复兴三式	入口有中式门廊
⑲-8	中山陵音乐台	1932	钢混	无	无	无	无	无	无	有	变异型	新民族式一式	露天剧场型
⑲-9	紫霞湖水塔	1935	钢混	变异式	无	无	无	无	有	无	无	新民族式一式	
⑳	中央医院旧址	1931	钢混	平顶式	无	无	局部	无	有	无	变异式	新民族式二式	
㉑	中央宪兵司令部												
㉑-1	大门	1932	砖混	平顶式	无	简化式	无	无	无	有	传统型	新民族式一式	
㉒	属佛海公馆	1932	砖混	平顶式	无	无	无	无	无	有	无	新民族式二式	
㉓	国民政府外交部												
㉓-1	主楼	1932	钢混	平顶式	无	简化式	无	无	无	有	变异式	新民族式二式	
㉔	华侨招待所	1933	钢混	混合式	云纹式	无	彩绘	壁柱	有	无	变异型	古典复兴二式	入口有中式雨棚
㉕	辽宁自冶县政府												
㉕-1	大门	1933	砖混	无	无	无	无	无	无	有	无		柱脚有抱鼓石
㉖	管理中英庚子赔款董事会												
㉖-1	主楼	1934	钢混	传统式	云纹式	无	彩绘	无	无	有	普通型	古典复兴一式	
㉗	陵园邮局旧址												

续表

序号	曾用名	始建时间（年）	结构	屋顶	吻兽	斗拱	额枋	仿木柱	裙板	纹样	台基	基本外形	备注
㉗-1	主楼	1934	钢混	传统式	无	传统式	彩绘	壁柱	有	有	传统型	古典复兴三式	
㉗-2	大门	1934	钢混	变异式	云纹式	无	无	无	无	无	普通型	古典复兴三式	
㉗-3	牌坊		钢混	无	无	无	局部	无	无	有	传统型	新民族式三式	冲天式牌坊
㉘	中国国货银行	1934	钢混	平顶式	无	无	无	无	无	有	传统型	新民族式一式	
㉙	金城银行别墅	1935	砖混	变异式	无	无	无	无	无	不详	不详	新民族式一式	阳台有传统式栏杆
㉚	三民主义青年团中央团部												
㉚-1	大门	1935	砖混	无	无	简化式	无	无	无	无	无	新民族式二式	
㉛	金陵兵工厂												
㉛-1	厂房	1935	砖	平顶式	无	无	无	无	无	无	无	新民族式二式	有封火山墙式装饰
㉜	国民大会堂旧址	1935	钢混	平顶式	无	简化式	局部	无	无	有	普通型	新民族式二式	
㉝	中国国民党中央党史史料陈列馆									有			
㉝-1	入口牌坊	1935	钢混	传统式	传统式	传统式	彩绘	无	无	有	传统型	古典复兴三式	
㉝-2	岗亭（一）	1935	钢混	传统式	传统式	无	彩绘	无	无	有	普通型	古典复兴三式	
㉝-3	岗亭（二）	1935	钢混	传统式	传统式	无	彩绘	无	无	有	普通型	古典复兴三式	
㉝-4	主楼	1935	钢混	传统式	传统式	传统式	彩绘	有	有	有	变异式	古典复兴三式	

续表

序号	曾用名	始建时间（年）	结构	屋顶	吻兽	斗栱	额枋	仿木柱	裙板	纹样	台基	基本外形	备注
㉞	国立美术馆旧址	1935	钢混	平顶式	无	简化式	局部	无	无	有	普通型	新民族式一式	
㉟	诺娜塔与喇嘛庙												
㉟-1	喇嘛庙	1936	砖混	传统式	传统式	无	彩绘	无	无	有	传统型	古典复兴三式	
㉟-2	诺娜塔	1936	砖木	传统式	无	简化式	无	无	无	无	普通型	古典复兴三式	
㊱	国立北平故宫博物院南京古物保存库	1936	钢混	混合式	无	无	无	无	无	无	传统型	新民族式一式	
㊲	原苟兰大使馆	1936	砖混	变异式	云纹式	无	着色	有	无	不详	普通型	古典复兴式	
㊳	阆锡山公馆	1936	砖混	传统式	云纹式	无	无	无	无	无	普通型	古典复兴式	
㊴	国民党中央监察委员会												
㊴-1	入口牌坊	1936	钢混	传统式	传统式	传统式	彩绘	无	无	有	传统型	古典复兴三式	
㊴-2	岗亭（一）	1937	钢混	传统式	传统式	无	彩绘	无	无	有	普通型	古典复兴三式	
㊴-3	岗亭（二）	1937	钢混	传统式	传统式	无	彩绘	无	无	有	普通型	古典复兴三式	
㊴-4	主楼	1937	钢混	传统式	传统式	传统式	彩绘	有	有	有	变异式	古典复兴三式	
㊵	国立中央博物院												
㊵-1	大殿	1936	钢混 木屋架	传统式	传统式	传统式	原木	有	有	无	传统型	古典复兴三式	

续表

序号	曾用名	始建时间（年）	结构	屋顶	吻兽	斗拱	额枋	仿木柱	裙板	纹样	台基	基本外形	备注
㊶	国民政府立法院及监察院	1937	钢混	传统式	传统式	砖砌式	彩绘	无	无	有	普通型	古典复兴式	
㊷	运都纪念塔	1941		传统式	传统式	传统式	无	无	无	有	无	古典复兴式	塔式建筑
㊸	何应钦公馆	1945	砖混	变异式	无	无	无	无	无	有	普通型	中西混合式	
㊹	国民政府资源委员会												
㊹-1	岗亭	1947	砖木	混合式	云纹式传统式	无	彩绘	无	无	有	普通型	古典复兴式	
㊹-2	大门	1947	砖木	平顶式	无	无	无	无	无	无	无	新民族式一式	牌楼式
㊺	国民政府蒙藏委员会												
㊺-1	门楼	不详	砖混	传统式	云纹式传统式	简化式	无	无		无	普通型	中西混合式	入口有一西式雨棚

说明：

1. 本表格对材料的整理，以表3-1南京国建筑（群体）用例表中，各机构名称为排序的第一单位，下属的各单体建筑则处于次一级排序单位。比如表3-1中金陵大学建筑群处于序号③的位置，金陵大学建筑群内的科学馆，由于是该建筑群中建成的第一座建筑，则在本表中被列为③-1的位置。同一单位内的建筑属于同一级，在该单位级别下进行排序，如金陵大学中的其他建筑根据建成时间的先后顺序，其次为③-1、③-2、③-3……

2. 此序号仅代表建筑在各群组单位中的顺序号，而并非计数号。

3. 表格中各单体建筑的排序，由于是在群组单位内进行，因此会出现修建时间较晚的建筑排到修建时间较早的建筑前面的可能。这是为了凸显组群关系而无法避免的不足，在此予以说明。

4. 南京民国建筑中的大多数，都经过或多或少的维护与修缮，很多建筑的外立面都与原始形态有一定出入。因此，本表格罗列其传统特征时，省去了对色彩、门窗样式等不确定成分的描述。

6

第六章

影响与启示

与源远流长的中国古代传统建筑文化相比，一个多世纪的中国近代建筑史，似乎显得过于短促，但是它所见证的动荡与变革、经历的文化冲击却是古代建筑所无法比拟的。近代中国建筑，处于从古老的中国传统建筑体系向西方建筑文明影响下的现当代建筑体系转变环节，凝结了东西方文化交融与碰撞的过渡，见证了中国近代社会的沧桑巨变。这一部分，笔者主要就近代民族形式背后的文化认知、思想创新等问题做一讨论，总结其时代特性。

第一节　特殊的时代特征

一、建筑文化之结合

文化泛指人类创造性活动的总和，只要是超越人类的生物学生存本能而有意识地作用于自然界与社会的一切活动，都属于广义的文化范畴。[①]中国古代历史上，有过多次与西方的文化交流，自张骞出使西域、丝绸之路开通，后历佛教传入中国，中国高僧前往西域取经，到郑和船队下南洋、西洋，万邦来朝，无一不是建立在以对中国向往、学习、需求、改造为主导的中外关系之上。在以往的中西交流中，无论是物质的还是精神的舶来文化，在传入高度稳定的中国古代社会后，大多能够在中国本土得到转化和同化。以中国古代建筑中的"塔"为例，其原型是古印度用来埋葬佛祖释迦牟尼火化后留下的舍利的一种佛教建筑——窣堵坡，在汉代时传入中国之后，由实心建筑逐渐转为空心建筑，由地宫、塔基、塔身、塔顶和塔刹组成，完成了其形制本土化的转变，并纳入了中国传统建筑体系，经过代代相传，形成了自身的传承轨迹。

唯有近代的鸦片战争，在复杂的国际关系以及中西方关系中，将中国置于极为被动的劣势一方。西方的思想和技术第一次作为强势的一方

① 杨秉德．中国近代中西建筑文化交融史[M]．长沙：湖南教育出版社，2003：2.

进入中国，经过迅速传播，直接导致中国古代社会传统的"中国中心论"观念的转变，梁启超在《五十年中国进化概论》一文中将这种转变的过程解释为：

"第一期，先从器物上感觉不足……曾国藩、李鸿章一班人，很觉得外国的船坚炮利，确实我们所不及，对于这方面的事项，觉得有舍己从人的必要……第二期，是从制度上感觉不足……堂堂中国为什么衰败到这天地，都为政制不良，所以拿'变法维新'做一面大旗……第三期，便是从文化根本上感觉不足……革命成功将近十年，所希望的件件落空，渐渐有点废然思返，觉得社会文化是整套的……新进回国的留学生，又很出了几位人物，鼓起勇气做全部解放的运动。"①

诚如梁启超所说，文化体系作为一个综合概念，如果经过仔细分析，可以通过三个层面——器物层面、制度层面与精神层面进行定义。中国古代传统建筑文化到中国近代建筑文化的嬗变，也有这三个层面。中国近代建筑史学者刘亦师曾将中国近代建筑的特征归结为异质性、多样性、全球关联性、建筑样式的政策指向性及连续性等。这些特征能够充分说明，近代中西建筑文化碰撞过程中所面对的复杂状况，在这一场中方与西方，传统与现代的文化冲突中，近代中国社会采用了包容和融合的态度，形成了一种全新的，既区别于传统，又非照搬西方的建筑文化。

1. 器物层面

器物指人类所创造、有着特定的形式和功能、可以被经验和使用的具体事物。

在以"师夷长技以制夷"为发展核心的近代早期，国人对"中道西器"的初级认知使得他们认为西式建筑意味着国外发达技术，须被全盘接纳，殖民国家的建筑样式因此在国内大行其道，得到了热烈的推崇。此时在部分建筑中虽然呈现了少许的中国式样，但可看作是修建者一种不自觉的表现，并非经过了深入思考。

随着知识界对中西文化认识的提高，对建筑的理解也不仅仅只停留在的"器"的层面，纯西式的建筑虽然在使用上较为科学和先进，但是

① 杨秉德. 中国近代中西建筑文化交融史[M]. 3.

从"精神"上却无法满足一个独立的民主国家的需要。在权衡中西建筑的利弊之后，知识界、建筑界给出了中国固有形式与西方功用相结合的发展方向，民族形式建筑由此而诞生。

近代建筑在"器"的层面，已经基本不属于中国传统建筑体系的范畴。首先，近代建筑主要以钢筋混凝土结构为主，这与中国传统木结构建筑建造方式、结构构成等方面完全不同，呈现出的形态也完全不同，中国古代传统建筑因为其结构的复杂性，建筑构件之间具有很强的空间感，建筑形态富有诗意，而近代建筑呈现出的则是更加简洁的、单调的、平面化的建筑形态；其次，在功能布局上，中国传统建筑平面展开、可延伸的空间形式也因为构造方式的转变而改变，但建筑主要向着更为实用的多层趋势发展。

2. 制度层面

建筑活动作为一种复杂的、多面的文化现象，需要通过一整套完整的制度规范其各个环节的运行，建筑制度通常包含社会分工、行业运作机制和政府机构管理体制三方面的内容。中国古代传统建筑有着非常严格的建造制度，这在宋代的《营造法式》、清代工部《工程做法则例》等著作中都有所体现。受到西方现代文明的影响，在建筑材料、建筑群体以及建筑思想产生巨大改变的中国近代，国民政府也在南京制定了一套相对完善和科学的建筑制度。

首先，1927年，国民政府成立了工务局，作为南京建筑活动的主要政府管理机构。1928年8月8日公布的《南京特别市市政府工务局组织条例》规定了工务局下设设计科、建筑科、取缔科、公用科等。民国时期工务局相当于今天的城建部门，几乎负责所有城市公共基础设施的兴建、修理、监察和取缔，通过环环相扣的审查程序，保证了职能部门对全市兴建活动及城市影响进行有效监控。

其次，受西方现代文明的影响，国民政府制定了大量的关于建筑建造的法律法规。比如1933年2月颁布的《南京市工务局建筑法则》，1933年5月颁布的《南京市新住宅区建筑章程》，1935年1月颁布的《南京市城厢空地建筑房屋促进规则》等，基本涉及了建筑法、建筑规范、建筑标准等各个层次，这些都是围绕着 1929 年公开发表的《首都计划》而展开及补充落实的。

1927 年，国民政府成立，以政府行为倡导儒学，鼓吹尊孔复古，恢复封建伦理道德。《首都计划》中的建筑形式之选则一章，对民国首都南京的建筑形式做出了比较具体的要求：在首都建筑的整体形式上，国民政府要求以采用"中国固有之形式为最宜"；在建筑的高度上，则应有"适宜之限制"；在空间的利用和功能布置上，首都计划提出"中国瓦面，类皆斜铺，上层容积，不免无用，不知此中位置，其在屋脊正对之下面，倘有相当高度，亦可装置升降机之机件，放置案卷，更为适宜"等；而在整体建筑形式的协调方式上，更有所谓采用中国款式，并非尽将旧法一概移用，应采用其中最优之点，而一一加以改良，外国建筑物之优点，亦应多所参入，大抵以中国式为主，而以外国式副之，中国式多用于外部，外国式多用于内部，斯为至当。

国民政府出台的相关章程，虽然仍然传递了中国传统建筑"礼编异、乐统同"的遗留思想，但与传统封建社会森严的建筑等级制度不同，这是一种旧瓶装新酒式的改变，符合中国民族资产阶级政权的需要，和以往古代社会有了本质的不同。这些规定仅从宏观的角度给出了建设建议和约束，对建筑形式的要求并非事无巨细，这也给建筑师留出了一定的发挥空间。

除此之外，中国第一代建筑师高尚的职业操守，以及营造业健康良好的行业环境，也是民国南京建筑制度得以有效实施的重要前提。南京在国民政府执政期间，建筑无论规模大小、等级高低，在工程承建方面，几乎都采用了公开招标，并制定了科学的竞标、投标方式，避免招标过程中可能出现的瞒报或谎报预算等情况。另外，新建筑在确立设计意向之后，往往举办公正、公开的设计竞赛，分一、二、三、优秀等奖项，入选者皆能获得合理的奖金，投稿者也有相应的稿费。获奖作品常公布在公开的出版物之上，这种良性的竞争机制也是促进近代建筑发展的重要原因。

作为首都，民国时期的南京城市建设中的各参与方相互配合、监督，建立了一套科学、成熟的运作机制，从而促进建筑事业的快速发展，也为全国其他城市起到了示范作用。

3. 精神层面

"建筑是科学与艺术的结合，也是文化的代表作。"建筑能够代表一个民族，反映一个民族的兴衰，这是我国近代的一种主流价值观。

近代中国的思想文化始终存在着激进的西化思潮和文化保守主义思潮的论争，在经历了全力主张接受西方近代文化来否定中国传统文化的新文化运动之后，中国的知识分子终于冷静下来，开始认识到"西方"不等同于"世界"，在西方世界之外，还有许多其他文明同样为人类文明的发展做出过贡献。1921年，梁启超游历"一战"后的欧洲后归国，整理出行的感受，发表了《欧游心影录》，并提出了中西文化融合的观点。他讥讽思想文化上的顽固保守派所主张的"西学中源说"是故步自封，夜郎自大，荒唐可笑，也批评全盘欧美化论者"沉醉西风"、"把中国什么东西都说得一钱不值，好像我们几千年来，就像土蛮部落，一无所有"是一种民族虚无主义，同样无知可笑。他提出"要发挥我们的文化，非借他们的文化做途径不可，因为他们研究的方法，实在精密，所谓工欲善其事，必先利其器"。很显然，他是要用西学作为整合手段，达到复兴或改造中国文化的目的。[①]中西融合逐渐成为中国社会近代化过程中的主要精神思想。

在如何融合中西文化方面，近代建筑的做法基本可以作如下归纳：在与人的生活体验相关的方面，以科学的西方现代建筑材料、结构、功用、空间布置为主；而在观瞻角度和城市风貌上，建筑外形和院落布局则采用中国传统建筑形式。这样的做法体现了民国时期崇尚"民族性"与"科学性"的主流价值观，而这种结合方式，不仅是中西文化的横向交融，更是中国从古代封建社会向近代化进化的一种表现。冯友兰先生在对中国近代化的评价中，这样说道："从前人常说我们要西洋化，现在人常说我们要近代化或现代化，这并不专是名词上改变，这表示近来人的一种见解上的改变，这表示，一般人已逐渐觉得以前所谓西洋文化之所以是优越的，并不是因为它是西洋的，而是因为它是近代的或现代的，我们近百年之所以到处吃亏，并不是因为我们的文化是中国的，而

① 元青．梁启超欧游归来后的文化思想倾向刍议［J］．中州学刊，1993（3）：113-116.

是因为我们的文化是中古的，这一觉悟是很大的。即专就名词说，近代化或现代化之名，比西洋之名，实亦较不含混。"①这已经很明确地道出了中国近代中西文化交融的本质是中国社会自身的近代化过程，民族形式建筑的出现，则是中国社会经历这种变化的体现，因为它所体现的与历史的连续性，使中国的近代建筑成为真正属于中华民族的建筑，而不是一种殖民化或半殖民化的产物。

二、艺术语言之多样

建筑的立面构图、雕塑般的体型和体量组合、有机的群体构成、系列空间的变化、丰富的装饰手段，以及一般以建筑为首要因素的环境艺术整体经营等，都被称为建筑中的艺术语言。在折中主义的影响下，南京民国建筑，多出现以简洁的西式主体加上中国传统建筑符号的组合方式，并将糅杂了新古典主义、装饰艺术、现代主义等风格的造型手法用在建筑的具体装饰与形态特征之上，从而形成了近代中国社会所特有的建筑。

以梁思成、吕彦直、杨廷宝、童寯等为首的中国第一批现代意义上的建筑师，是我国近代建筑设计的主要参与者，他们的教育背景和执业环境对其建筑观念的形成产生了十分重要的影响。无论是受巴黎美术学院体系指引而侧重于建筑艺术表现的留学美国一派，还是以工程建造为学科根本而更加重视建筑技术的留学日德一派，在关于"建筑"的认识上，首先肯定它是现代科学的一部分，这种崇尚科学的态度，反映在其建筑作品中，是严谨、理性态度的体现。尤其是巴黎美术学院体系中的建筑学教育，其主要知识结构即是对西方古典建筑的元素、比例、构图形式的学习和模仿，培养出的学生具备深厚的西方古典建筑修养，这种对古典主义的深入研习与认同，也让他们在实践近代民族形式建筑的过程中，一方面对值得保留的传统建筑符号理性甄别，并运用严谨的比例确定建筑局部与整体、构件与构件之间的尺度，另一方面则在追求"真正意义上"的中国建筑时，采用了大量不同的表现方式。

以原金陵大学建筑群为代表的古典复兴式建筑，主要是采用美国式

① 黄瑞敏. 大学精神的"本土化"资源：以省思书院精神为视角 [J]. 广东行政学院学报，2012（4）：96-99.

建筑屋身加上中国传统屋顶的做法。整个建筑的外形除了"大屋顶"之外，几乎不存在其他传统语言，古典屋顶应有的举折没有得到体现，屋顶轮廓近乎于直线，显得比较生硬、别扭。梁思成先生曾于《中国营造学社会刊》中评价这一类建筑的通病为"对于中国建筑权衡结构缺乏基本的认识"。

在对传统的继承上，早期的民族形式建筑受制于中国古典大屋顶的定式，建筑样式的发展较为单一，很快地，建筑界意识到了这个问题，并尝试以其他语言来代替大屋顶的标志性地位。

第一种方式是将中西古典建筑中功能、位置相似的构件对应起来，并用西方式的手法表现。比如在西方古典建筑中，柱式是非常重要的一种构图元素。除了基本的希腊三大柱式外，古罗马时期更产生了一种新的不作承重作用的柱式——壁柱。壁柱其实是建筑墙体部分的一种装饰，并不是一根完整的柱子，而是前1/2部分凸出墙体，后1/2部分与墙融为一体。这种形式在以木结构为基本框架的中国古典建筑中是不存在的，但是在近代民族形式建筑中，很多建筑师都借鉴了这种壁柱形式来表现中国柱式，此现象在中山陵、国民政府行政院大楼等建筑中均有体现。

除此之外，西方古典建筑中建筑入口处顶部的三角形山花，与中国传统歇山式屋顶的侧面造型，也常被看作是相似的构图元素而进行转化。中国传统屋顶山花用在屋身正面，一般是做抱厦时才会出现；而南京古典复兴式建筑中，如励志社二号楼在内的很多建筑，将其设置在建筑的两翼，这种方式很明显是在与西式建筑的构图进行呼应。

第二种方式，建筑师选择将中国传统建筑中的其他形体用作造型的依据。比如照壁、牌楼、亭、台等，这些类型一方面不似大屋顶式建筑耗资巨大，可以在造型上作更多的调整，增加建筑空间的利用率；另一方面形式更为灵活、轻松，留给建筑师的创作余地较大。这一类建筑有中山陵音乐台、中央体育场等，它们的出现不仅丰富了近代建筑的类型，更使得中国传统建筑中的其他形体类型得到了推广和弘扬。

第三种方式，为了进一步减少中西建筑形态结合时的矛盾，弱化其差异性，近代建筑对很多中国传统元素进行了简化和改造，企图使之既能体现传统符号的大致特征，又表现出一定的进步性。比如在对待传统屋顶上的鸥吻这一问题上，首先是在中山陵设计中，建筑师吕彦直摒弃了代表封建帝制的龙形纹样，以勾连云纹代之；接下来在进一步的发展中，其他的很多建筑师在此做法的基础上，按照装饰艺术运动中提倡的手法，将传统的勾连云纹机械化、几何化，这在中英庚子赔款管理委员会大楼等建筑中均有所体现。除了鸥吻，斗栱、额枋等传统构件也经过相似的变化。

除了建筑细部诸多装饰的改变，相关建筑还对中西不同文化中的布局形式、组合方式进行了吸收、效仿及创新，可见中西建筑文化的结合为建筑师提供了更为丰富的艺术语言。

三、理论思想之首创

中国近代建筑史学者赖德霖曾经在其《中国近代建筑史研究》一书中，谈到中国近代民族形式建筑中所蕴含的创新精神。在评价南京中央博物院大殿设计之时，针对大多数论者将该建筑看作是一种对传统文化的一味模仿，他提出了不同观点："这种'模仿论'不仅妨碍了我们对于这幢建筑造型的深入解读，而且也造成了我们对梁思成及其他建筑师在探索中国建筑的现代化和民族化双重目标方面所做努力的简单化理解；更重要的是，这一假设所导致的'复古主义'评价抹杀了在这种探索背后，中国的知识精英对于现代中国文化建设所持的一种理想。"[1]

笔者对这种观点表示赞同，中国古代社会向现代化转型是一种进步的体现，纯粹的复古主义在这种进步之中是不会有任何发展的可能的，传统的建筑体系已无法适应近代社会生产力与生产关系的变革，如果没有创新，传统建筑文化的生命是不可能得到延续的。

梁思成在《图像中国建筑史》前言中说道："随着钢筋混凝土和钢架结构的出现，中国建筑正面临着一个严峻的局面。诚然，在中国古代建筑和最现代化的建筑之间有着某种基本的相似之处，但是，这两者能够结合起来吗？中国传统的建筑结构体系能够使用这些新材料并找到一

① 赖德霖. 中国近代建筑史研究 [M]. 335.

种新的表现形式吗？可能性是有的。但这绝不应是盲目地'仿古'，而必须有所创新。"①

"适应性建筑"可被看作是近代民族形式建筑中创新精神的起点，这一观点最早由美国建筑师亨利·墨菲于1926年提出。他将以新材料、新技术来继承传统建筑的方式比喻为"新酒"装在"旧瓶子"里，意在说明传统建筑应该"适应"当下语境中的新身份，即在满足科学功能的前提下，在建筑形式上延续生命。这种观点的出现，奠定了近代民族形式建筑形成的基础，为中国传统建筑的中西融合之路指出了一种最基本的结合方式，亨利·墨菲设计的金陵女子大学、吕彦直设计的中山陵以及后期国民政府十年首都建设期间建造的大量古典复兴式建筑，都是这种设计思想指导下的成果。

这种适应性的思想，在吕彦直和杨廷宝两位建筑师的作品中，得到了进一步的发展，即借用西方古典建筑的比例去规范中国古典风格的新建筑造型。1930年，中国营造学社兴起后，建筑学者对中国古代建筑进行了更加深入、系统的研究，杨廷宝、梁思成等建筑师在实践"古典宫殿式"建筑的过程中，逐渐展示出了一种"复兴"传统建筑外在形象的倾向。但实际上，这种"复兴"之中体现了非常重要的创新精神。除了上述谈到的杨廷宝等建筑师善用的中西折中的理念和手法之外，梁思成在设计国立中央博物院时采用的一些方法也很值得思考。首先，整栋建筑采用的是辽宋混合形式，而不是最常见的明清式，或者是单纯的辽式、宋式；其次，整栋建筑的设计既不是完全参考当时的辽、宋建筑遗迹，也没有直接参照梁思成更为熟悉的《营造法式》和《清式营造则例》；最后，建筑的斗栱与柱高的比例甚至采取了类似西方古典建筑中的柱头与柱身的比例，这些现象很明显地反映出，梁思成在设计这栋建筑的时候是有目的地进行选择、修改、整合的，而不是简单地模仿。

1930年，梁思成进入中国营造学社工作，1932年主持了故宫文渊阁的修复工程。1935年后，梁思成提出了以《营造法式》和《清工部工程做法》规定的官式中国建筑结构原理为"语法"，以传统建筑造型母体为"语汇"的中国风格新建筑的古典规范。②同年底，他出版了另一部著作，"专供国式建筑图案设计参考之助"的《建筑设计参考图集》

① 梁思成. 图像中国建筑史［M］.
② 赖德霖. 中国近代建筑史研究［M］. 313.

的第一集。这种将建筑比喻成一门语言的认识，奠定了其于 20 世纪 50
年提出"建筑可译论"的基础。

与吕彦直、梁思成、杨廷宝等建筑师试图以中西折中的思路探索出
一条中国古典建筑与现代功能结合的形式不同，民国时期还有一批以追
求建筑的现代性著称的建筑师，童寯则是其中的代表人物之一。同时代
的建筑师陈植曾总结以童寯为主要设计师的华盖建筑事务所的作品"格
调严谨，比例壮健，线条挺拔，笔法简洁，色彩清淡，不务华丽，不尚
修饰"。其代表作国民政府外交部大楼可以说是对这一评价最好的表现。
相对于杨廷宝等建筑师作品中细腻高雅的古典气质，这批倡导现代性的
建筑师，强调的则是建筑立面的点、线、面构图，整体的体积感，光影
效果和材料的质感。童寯一生中没有设计过一件"古典复兴式"的建筑
作品，1945 年 10 月，他在《我国公共建筑外观的检讨》一文中写到：
"中国木作制度和钢铁水泥做法，唯一相似之点，即两者的结构原则，
均属架子式而非箱子式，惟木架与钢架的经济跨度相比，开间可差一
半，因此一切用料均衡，均不相同。拿钢骨水泥来模仿宫殿梁柱屋架，
单就用料尺寸浪费一项，已不可为训，何况水泥梁柱已足，又加油漆彩
画。平台屋面已足，又加甋瓦屋檐。这实不可谓为合理。"[①]这样的建
筑思想，同样能够从留德归来的建筑师奚福泉的作品中得到反映，其设
计的国立美术馆、国民大会堂等建筑，摒弃了传统大屋顶，改选用了另
外一种在局部装饰上体现中国传统元素的方式诠释民族主义。这一类建
筑的出现直接影响了近代民族形式建筑的第二种类型——新民族形式的
出现。

近代民族形式建筑，不仅为中国传统建筑的近代化做出了贡献，还
为全国各城市的建设提供了一种重要的基本范式，更重要的是，其不拘
泥于中国传统建筑、西方古典主义及现代主义建筑的设计思想和建造方
法，对世界近代建筑的发展起到了重要作用，并因独特的外在形式和多
样的种类分支，在世界建筑史上确定了自己应有的位置。

在全球化与多元化发展日益扩大的今天，如何处理外来文化与本源
文化之间的关系，仍旧是摆在当代中国建筑面前的一个难题。这种中西
文化碰撞、交融的大环境与民国建筑所处的时代背景有着很明显的相似

① 童寯. 我国公共建
筑外观的检讨.（内政
专刊）公共工程专刊 1.
1946 年.

性。这里对南京民国建筑艺术特征研究的主要目的，并不是就历史现象而谈历史。深刻地剖析过去，是为了更好地面对当代及未来，因此笔者认为，站在客观的角度对相关建筑的历史价值进行评判是非常重要的。

第二节　时代意义

一、时代价值

南京，作为民国时期建筑业发展最为蓬勃的地区之一，在中国近代建筑史上占有非常重要的地位。作为近代史上曾经的政权统治的中心，南京的民国建筑不仅承载了南京曲折的历史变化，并且集中体现了当时政治、经济、文化思想影响下全国近代建筑的普遍特点。接下来，笔者将从三个方面阐述以南京为代表的近代民族形式建筑重要的时代价值。

第一，为近代中国其他城市的建筑提供了一种基本范式。《首都计划》中提及的有关首都城市建筑形式的要求，不仅影响了南京地区的建筑面貌，也作为一种全国性的指导意见，在各地迅速开展起来。北京、上海、广州、重庆等地都有相当多的民国建筑遗存，和南京地区的属同一类样式，且艺术特征的演变趋势也颇为相似。这些建筑，在表现着丰富的地域特征的同时，还反映了一致的传递民族精神的要求，这对于近代中国来说，无疑是一种渴求稳定团结的表现。不同的城市间通过同样类型的建筑而有了联系性和凝聚力。可以说，南京民国建筑所提供的如古典复兴式、新民族形式等基本范式，不仅有助于加速各城市的近代化建设，而且为整个民族尽快从战争和落后的压抑情绪中走出来做出了贡献。

第二，为世界近现代建筑的多元化与丰富性贡献了自己的力量。在19世纪末期西方世界，建筑学者基于研究不足与"文化霸权"心态，对中国建筑持有很深的偏见，这种情况，直至 20 世纪以后仍然没有得到太多的好转。由英国建筑学家威廉 J. R. 柯蒂斯编写的《20 世纪世界建筑史》，是一部非常重要的有关世界近现代建筑的研究著作，其中也完全未提及中国近代建筑的发展与成绩。

作为近代建筑相关研究人员，应该能清晰地看到，世界上没有几个国家的建筑体系，像中国一样在近代时期经历了如此天翻地覆的改变。面对战争带来的混乱局面，旧体系下的建筑发展基本停滞，西方力量带来的新体系建筑强势来袭，而中国建筑界，既没有选择故步自封，也没有走向全盘西化的道路，最终在各方力量的努力下实现了本民族建筑的进化和转型，做到了文化传承中的平稳过渡，并在以南京为代表的重要城市内得到普及和大力推广。这种作为，已经是当时背景下中国建筑界所能做到的最大程度上的努力了。他们最终确立了古典复兴式、新民族形式等类别的基本风格，在中国传统建筑与西方建筑中取得了平衡，并为世界范围内近代建筑发展的多样性贡献了自己的力量。

第三，为中国现当代"新中式"建筑的发展奠定了基础。进入 21 世纪以来，传统风格的回溯同样出现在建筑界，中国当代社会出现了相当多的一批带有中国传统特征的"新"建筑，是当代"新中式"建筑中的一种普遍存在的类型。这种建筑风潮的出现同时带动了对此现象的激烈讨论，对于社会上出现的各式各样的"新中式"建筑，社会各界褒贬不一。但可以确定的是，这一系列"新中式"建筑并不是凭空出现的，在绝大多数建筑上，反映的是对近代民族形式建筑的一种延续和借鉴，比如 20 世纪 80 年代再次大量出现的"大屋顶"式建筑。所以说相关民国建筑，不仅在当时最大程度上地完成了对古代传统建筑的延续，同时也肩负起了历史责任，抛砖引玉，为中国现当代建筑的发展提供了参考和基础。

二、时代精神

以首都计划为代表的近代城市规划，在城市建设和建筑发展中，体现了鲜明的时代精神，这里将其总结为以下三点。

1. 自重与开放的精神

近代中国在面临西方文化强势来袭的时候，也曾出现过提倡全盘西化的言论。岭南大学教授陈序经曾在其 1932 年所撰《中国文化的出路》一书中提出"全盘西化"论，陈氏认为："文化是包括经济、政治、精神诸方面的一个整体，文化整体不可分割，学习西方文化只能全盘搬来，即使是缺点也不得不接收，由强调各种文化只有时代的差距，没有民族的特殊，全盘西化是中国文化唯一的出路。"这种"矫枉过正"的激进姿态，一经发布，便激起了社会各界的强烈讨论，虽然对"全盘西化"的理解程度各有不同，但是持这种思想的学者并不在少数。

中国社会的近代化，始终伴随着中西文化间的对峙与融合，而在这一问题上，建筑界始终持以民族自重的态度，坚定地推崇民族精神与文化传承的不可撼动地位。在近代建筑中，"古典复兴式"所占的主导地位即反映出这种自重精神。自洋务运动起，"中学为体、西学为用"的思想影响着中国各行业的发展，建筑界也不例外，尽管对于体、用关系的探讨和研究并没有得到进一步的深入，这种二分法的存在也为建筑实践带来了很多矛盾，但是民族自重的情怀和时代精神是无法被否认的，这种自重对民族团结和国家稳定非常有利。

与此同时，对于西方文化的开放态度也在这一时期成为一种主流，国人清楚地认识到西方文化有它先进、科学的一面，这些正是中国近代化进程中所需要的。反映在建筑上，无论是《首都计划》明确要兼顾"艺术性与科学性"的主张，还是建筑师们在具体实践中反映出对于西方现代建筑的偏好，都是这种开放性的证明。对西方文明的开放态度，也影响了整个建筑行业的开放面貌。比如，政府采用公开发表的形式颁布了近代最为重要的城市规划——《首都计划》；建筑行业内盛行采用公开、公平的建筑竞赛来寻找合适的作品，促成了建筑师之间良性的互动和交流；营造厂之间的投标过程也基本呈现透明化，建筑师之间敢于谏言，梁思成就曾经公开对中山陵建筑群发表过批判性的评价。正是这种开放性的存在，使得民国建筑与世界范围内其他国家的建筑在发展节奏上几乎达成一种同步，使得民国建筑建设能够参与到世界建筑的进步之中。

2. 反思与探索的精神

中国近代建筑的发展只有短短的百余年，但在这期间，却衍生出了多种不同面貌的建筑形态。古典复兴一式以中国古典大屋顶为造型标志，但在建筑形体上采用西方样式；古典复兴三式则试图准确地表现中国古典建筑的形式及结构表征，并尽可能地改善其原有的不足；新民族形式一式以中国传统建筑中的构筑物为创作母题，却体现了西方装饰艺术风格的手法和现代主义建筑的部分特征；新民族形式二式则完全倾向于采用现代主义形式，仅在建筑细节处点缀中国传统装饰符号，如此丰富多样的建筑类型，与中国建筑师时刻兼顾反思和探索精神是分不开的。

虽然相关建筑的发展，受到较强的政治干预，但建筑师却从未掩饰过其内心的思考历程。在1935年11月出版的《中国营造学社会刊》中，梁思成对出现在南京地区的古典复兴式建筑进行了评价，认为其中的大多数，均注重外形的模仿，而不顾中外结构之异同，通病全在于对中国建筑权衡结构缺乏基本的认识。我国著名建筑师童寯更是公开表明，绝不参与含有"宫殿式屋顶"的建筑创作，认为"中国式屋顶虽美观，但若拿钢骨水泥来支撑若干曲线，就不合先民创造之旨，倒不如做平屋面，附带地生出一片平台地面"。

正是这种积极的反思精神，推动着民国建筑的快速发展，而在反思之后，不断探索的精神更是该时期建筑形式迭代和进化的动因。

3. 尚武与重文的精神

1904年，被誉为"现代中国的心智"的著名思想家梁启超，发表了其著作《中国之武士道》，大力提倡中国在战国时代曾经辉煌但在后世却逐渐泯灭的尚武精神。[①]这种观点的提出，影响了一代中国知识精英，建筑界人士更是将精神上的闳放、豪劲看作是未来中国民族建筑必须体现的精神属性。

近代公共建筑，除了行政、军政类之外，主要是科研、教育、体育、音乐、美术等文化类建筑。这些功能虽然大多为西方现代文明的产物，但是南京国民政府对这一类建筑的形式却做出了不同于其他西来功

① 梁启超. 中国之武士道［M］. 梁启超全集·第3册: 第5卷. 北京: 北京出版社, 1999: 1376-1420.

用的要求。金融类、生活服务类、工商类建筑大多采用西方样式，对是否采用"中国固有式"这一问题上，不作过多干预；但文化类建筑却必须体现民族性，这反映的正是尚武与重文的精神。

孙科在《首都计划》的序言中，曾说"首都之于一国，故不为发号施令之中枢，实亦文化精华之所荟萃"，足可见当时社会对于文化的重视程度，更可见对于"首都"理解的深刻。一个国家的首都，可以不是最发达、富裕的地方，但一定要起到振兴国家精神、稳定民心、凝聚四方力量的作用。代表现代体育、现代音乐、现代美术的中央体育场、中山陵音乐台、国立美术馆都是这一时期民族形式建筑中的佳作，建筑师在设计时流露的心血和热情不言而喻；另外还有国立中央研究院、国立中央博物院等建筑，现均为全国重点文物保护单位，也是当时政府通过公开招标、斥巨资修建的，由此可说明当时社会文化兴邦的发展理念。

第三节　不足与问题

作为时代的产物，建筑是留有遗憾的艺术。每一座建筑，自建造的第一天起，就是一种对大地的"破坏"。这或许是一种悲观与偏激的看法，但不能否认的是，人类的创造总是建立在改变已有环境的基础上的，尤其建筑，它不像绘画、音乐、诗歌，是源于创作者个人的情感，一座建筑的成立，既有功能需求的理性成分，又有设计师情怀体现的感性因素，更重要的是，它作为一门公共艺术，注定要受到大众的检阅。建筑是不可能没有缺憾的，好的建筑，或许可以避免当下功能的缺憾、体验的缺憾、观瞻的缺憾，但总是很难避免时代发展而带来的缺憾。这种形象的出现，一是因为人类社会日新月异的发展速度，让建筑再无使用上的"永恒"可言；二是建筑帅的设计观念主要来自于经验，即对前事的总结，而对时空意义下的每一个"当代"，都是处于未知和探索的角度，不可能做到后人眼里的面面俱到。

近代民族形式建筑是中国建筑发展的重要组成部分，具有重要的艺术价值及社会价值，但同时也有其时代局限性和不足。

一、时代局限性

1. 风格的局限与民族自信的缺乏

近代民族形式建筑，虽然经过不懈的反思和探索，衍生出了多种形态分支，但是其背后都脱离不开"折中主义"的根本思想。

"折中主义"作为"新古典主义"在美国的一种再发展，主要受到美国本土文化中"实用主义"的影响。欧洲作为西方世界的文明起源，拥有伟大的哲学、艺术、科学等方面的成就，长久以来，其建筑的发展和演变并非仅受到建筑技术和材料的影响，而主要是随着宗教精神、社会文化等意识形态的改变而改变的。比如欧洲的文艺复兴运动，使得古希腊、罗马时期的建筑风格重新受到重视，正是由人类思想的解放所带来的。工业革命以后，生产力和生产方式的变革，使得建筑材料和技术有了突破性的革新，建筑的进步不再仅仅受到意识形态的影响。在这种变革下，欧洲始终保持着以思想、意识、精神为建筑发展驱动力的传统，因此这里诞生了大量有关建筑的"主义"和"运动"，如"新古典主义""新艺术运动""装饰艺术运动""现代主义"等。而美国，作为一个崭新的西方国家，没有欧洲大陆那样悠久的历史传统，因此，对工业革命所带来的全新生产方式适应得较快。再加上美国社会受到达尔文进化论的影响，大力宣扬经济发展中适者生存的价值观，效率成了美国社会发展的首选。这种观念使得欧洲的各种建筑主义在进入美国后，都被迅速提炼成了可以套用的基本形式，因此便有了"折中式""装饰艺术风格""国际式"等。

近代中国，在政治上、经济发展上甚至国家体制的建设上主要受到美国的影响，建筑也是如此。美国是中国近代建筑师留学的主要国家，美国建筑师是在中国参与建筑实践的外籍建筑师中的主要力量，甚至中国近代最早的民族形式建筑也是由美国教会发起的，这也让美国大陆的建筑形式和风格成为中国近代建筑的主要效仿对象。

这种效仿，一方面帮助中国取得了建筑体系的顺利转型，另一方面也限制了中国近代建筑形态的发展。

近代民族形式建筑的探索，显得积极有余而勇气不足。在19世纪末20世纪初，英国兴起的"工艺美术运动"就曾提倡自然主义风格和东方风格，而在装饰艺术影响下的美国建筑中，也出现了大量的东方符号、埃及符号、印加符号甚至是非洲符号，足可见美国建筑界视野之广阔。反观国内，中国近代建筑师在进行中国固有式建筑的创作过程中，主要以中国古典官式建筑为造型母题，较少涉及常见的传统构筑物。但实际上，中国的传统建筑是多元的，不同的地域、民族、阶层、时代、类型都有自己的艺术风格，而中国传统民居建筑、地方建筑甚至是少数民族建筑却从未被纳入近代建筑师的思考范围内。这种正统与非正统、经典与普通的区别对待，一方面是由于动荡的社会背景导致建筑师的研究不足，一方面则是主观上受到古典主义影响，而产生对非古典建筑的忽视，可见建筑界乃至整个中国社会民族视野并不够开阔。

19世纪末20世纪初期，欧洲现代主义建筑已经在西方迅速地流行开来并掀起了广泛的讨论。虽然中国建筑师也很快意识到了这种主义的先进性，但是在实践的时候，仍然受到历史包袱的影响，无法摆脱形式上体现中国固有特征的干扰。这背后，一方面是由于中国的近代建筑史实在是过于动荡和短暂，建筑师来不及去对新的建筑主张深入探讨，另一方面则是由于缺乏民族自信。

从"全盘西化"论的提出，到在后期国家建设中对美国的过分依赖，都显示出知识分子阶层在中西差别与比较中的自卑态度。与当时作为世界主流文化的西方文明相比，东方文明是失败而落后的，这种现象在"二战"之后的日本也曾出现过。民族自信的缺失，使得中国建筑界的探索显得更加小心翼翼，更加依赖美国建筑的成功经验，而不敢擅自做出更加大胆的改变；这种不自信，直接影响了民族风格形态和设计方法的发展，使得近代中国的建筑事业，始终受制于折中主义理念，而当时在西方发展得如火如荼的现代主义，在中国却没有得到本质上的接受和发展。

2. 布局的局限与建筑个性的忽视

在中国古代建筑中，高高在上的宫殿、庙堂常被看作是经典的代表；西方世界也是一样，用来膜拜神明的神殿、教堂以及统治阶层的宫殿是建筑艺术的最集中体现，而寻常百姓的住所并不需要设计以及刻意的美化。古代时期的生产方式单一，建筑的功能性质也很简单，以居住功能为主。工业革命以来，这一切发生了翻天覆地的改变，建筑的针对性设计需求变得必要且紧迫，除居住外更多的功能性质开始出现，如医院、银行、工厂、学校、商店、邮局、娱乐场所等，由此，建筑的属性也变得越来越复杂。

无论是中国还是西方世界的古代建筑，其布局形式都非常的单一。相比之下，中国通过"间"为单位，组合扩展建筑体量的方式，还能产生相对丰富和复杂的布局形式；而西方建筑一味强调向上的发展，长时间以来，在布局上并没有什么突破性的发展。工业革命后，这种传统式的布局思维已经不能适应近现代社会的需要，而深受西方古典主义建筑教育影响的中国建筑师，虽然意识到了功能与建筑形式的新型关系，却没有很快摆脱古典建筑形式的约束。在进行建筑设计的时候，中国近代的很多建筑师，虽然也针对不同建筑的功能布局进行了分析，但建筑的总体形式主要还是保守的轴对称式。布局方法可以被归纳为首先在熟知的西方古典建筑的布局形式中找出较为合适的一种，再将现有的功能安插进去，再在此基础上做出调整。这在强调建筑形式应该追随功能的现代主义建筑思想看来，是一种本末倒置的处理手法，极大地局限了建筑可能呈现的各具特色的样式。

工业革命以来，建筑的意义有了很大的改变，它不再只是政治伦理、民族信仰以及意识形态的反映，更开始具备个性的要求。它不仅服务于国家和社会，也服务于团体和个人，不同的业主，根据自己的特殊需求、经济背景，以及怀有的不同期望，都可以对建筑师提出自己的各式各样要求。可以说，即使是最终形态相似的两栋建筑，其成因也一定是有不同的。建筑的形成应该是一个根据现有条件进行针对性规划设计的过程，而不是一个以旧有结果反向推导的过程。中国的近代建筑师，虽然也曾经在各大学术刊物上发表过"重视功能""功能即是美"的言论，但在实践过程中，并没有完全摆脱固有的设计思维。建筑个性的缺失，一方面是由于政府在宏观方面的干预，另一方面则是建筑师对建筑个案背景关注度不够而导致的，他们在进行创作的时候，更强调对广义的民族情结、社会背景、建筑思潮的体现，而忽略了每一栋建筑成立需要的小环境，缺乏对建筑共性与个性的平衡。

3. 构图的局限与形式追求的片面

在前几章的内容中，本书就近代建筑中的构图问题进行过分析，阐述过该时期建筑中出现的，以西方古典建筑构图形式套用在中国传统建筑样式的现象。这种做法可以解读为是中国近代建筑师在"折中主义"设计理念的大背景下，进行的一种中西建筑语汇转化的探索，这种转化有其存在的实用价值，但是也造成了建筑元素结合上的一些问题。

以吕彦直设计的中山陵为例，这组建筑是南京民国建筑中的佼佼者。整个建筑群庄严肃穆，简朴浑厚，建筑之间衔接得酣畅大气，节奏层层递进，整体建筑工艺水平之高、气度之雅、艺术成就之高，直到现在看来，也仍然是一组艺术成就很高的建筑。但即使是在这样出色的建筑作品中，仍然有一些现在看起来值得讨论的问题。在中山陵祭堂的设计中，吕彦直沿用了他个人常用的古典主义"三段式"构图，左右对称，两边各有一个突出的墩台，中轴线的四柱廊庑之后为三扇拱形门，与巴黎凯旋门一样，整体建筑立面形成一个几何上的正方形。而祭堂的中间部分——三扇拱门和重檐顶——构成一个矩形，宽高比例为 3：5，两边部分各占五分之一的比例。他选用的这种构图形式，还与华盛顿泛美联盟大厦的构图形式形似，后者也是 20 世纪初美国首都重要的公共建筑物之一。

但值得注意的是，古典主义构图的采用，使得头顶中国古典式屋顶的中山陵祭堂，整体显得非常拘谨，缺少了中国传统建筑的舒张之感，而在与泛美联盟大厦的比较中，也显得气势不足。这并不是近代建筑中的个案，在 1930 年中国营造学社刊物发表之前，建筑界对中国传统建筑的理解并不十分深刻，西方古典主义构图与中国固有形式之间的矛盾比比皆是，这种以西方比例规范中式建筑，以西方构图中的审美要求去塑造中国建筑的做法，从现在来看，并不很科学。

这种问题所体现的局限性，其主要根源是近代建筑师对于"形式"的过分重视。他们中的大多数人留学美国时期，巴黎美术学院体系是建筑教育中的主流学派，该体系认为，学生应该熟知且遵守西方古典建筑中的比例、构图形式，以及柱式、山花等构件要素的使用方法，强调建筑的艺术性和形式感。这种建筑思想直接影响了中国近代建筑师对建筑形式的看法。形式在中国第一代建筑师眼中，是建筑构成的第一要素，即使是后来他们接受到现代主义建筑理念的修正，但根深蒂固的对建筑之"式"的追求，以及短暂的时代背景，使得他们止步于对现代主义表象的理解，而没有去深层次地挖掘现代主义建筑背后的理论思想。这一时期，政府关于建筑的指导意见，也多强调建筑的形式层面，这无疑对中国近代建筑与世界同步发展起到了掣肘作用，对于形式的执着和看重，不仅解释了中西混合式建筑形成的主要原因，也局限了近代建筑的发展。

4. 工程技术和材料的局限

20 世纪初，随着西方建筑科学的传入，坚固、耐用的钢筋混凝土等新的建造材料逐步取代中国传统的木结构体系，使得中国建筑发展有了很大程度上的进步。相对于西方古代建筑的石质结构而言，钢筋混凝土、水泥等材料与木结构，从材料的特征来看差异更大。想要用钢筋混凝土结构模拟木结构建筑的外形特征，难度是比较大的，在这方面中国第一代建筑师进行了卓有成效的探索，这一点在从古典复兴式第一式到古典复兴式第三式建筑外形的转变上体现得尤为明显。近代建筑的发展，并不是简单的"仿古""继承"，相反，创新性的进步思想一直在推动着其向前。无论是在对新材料的利用，还是在建筑形式的探索方面，都体现出中国建筑界在应对外来影响时，努力探索、寻求突破的主观上的积极反应，但这种探索也从另外一方面暴露出了建筑师在材料使用上的局限。

木材和混凝土材料从本质上来说就是截然不同的，一个是大自然的馈赠，一个则是人工技术的进步。木材本身较为柔软，有韧性和天然的生命力，而传统木结构建筑的结构特征也正是基于材料的特性而成立的。被钢筋混凝土替代后，原本传统建筑的结构原理也就不复存在了，以实用为主的构件转而成为单纯的装饰，其存在的意义发生了根本的转变。而这种装饰到底有没有存在价值，直到今天仍然是很有争议的话题。另一方面，中国传统建筑根据材料和结构的特性，利用起翘、收分、卷杀、侧脚等技术手法使得庞大的建筑形体并不呆板，透露出一种轻盈的运动之美，而这些通过钢筋混凝土材料是很难达到的，这也导致民国建筑虽然保留了中国传统建筑的大致外形，却少了细节的韵味和美感。

除此之外，因为对西方科学的崇拜，近代中国对于西方各项技术基本采取了全盘吸纳的态度，而对于中国传统的技术采取的则是否定的态度。当时的建筑师大多认为木结构建筑是落后的，应该被更替，而没有去考虑木结构建筑体系是否有它先进的一面，其抗震、可延展的结构特性以及木榫结构原理实际上都是有可挖掘和可发展的机会的。在这一方面，近代中国建筑师却鲜少有人认识到。这种对钢筋混凝土技术的崇拜和使用定势一直延续到当代，也局限了中国建筑对传统的发掘思路。

二、"中学为体"与"西学为用"的二元悖论

自洋务运动以来，中国社会一直以"中学为体、西学为用"的基本方法来平衡本民族文化和西方文化之间的关系。张之洞在《劝学篇·设学》中对这种主张做了进一步的阐释，即"中学为体"，是强调以中国的纲常名教作为决定国家社会命运的根本；"西学为用"，是主张采用西方资本主义国家的近代科学技术，效仿西方国家在教育、赋税、武备、律例等方面的一些具体措施。[①]这种主张的提出主要是为了实行洋务新政，以挽回清王朝江河日下的颓势。总的来说，"西学"为"中体"服务，而这个口号，后来则常以"中体西用"一词概括。

"中体西用"的指导思想打破了"中学"一统天下的局面，使落后

① 徐亚文. 中国历代文化政策的演变［J］. 新政、史、地，2012: 27-29.

封闭的旧中国在面对西方文化时手足无措的情况得以改观，为中国社会各方面接受西方文化提供了一种解决问题的方法。尽管"中体西用"思想在后期戊戌变法、五四运动等历史节点中，也曾体现出其解决问题的片面性和矛盾性，但是近代中国始终是在这种思想的影响下发展的，这其中也包括建筑界对于"中体西用"观念的吸纳和采用。

民族形式建筑，主要是以中国固有形式为母题来创作建筑的基本外形，在建筑功能、建筑布局、建筑技术及材料上则以西方建筑文化为主。对照"中体西用"的方法，反映出来的即是形式为体、功能为用。这里就出现了"中体"与"西用"的第一个矛盾，即究竟什么是建筑的"本体"。

"中体西用"还有另外一种解读方式，即"中道西器"。在中国，"道器"观念由来已久，《周易·系辞》曰："形而上者谓之道，形而下者谓之器"，在这里"器"是与抽象、不可见的"道"对立而共存的概念。"器"是指人类创造的具体事物，而"道"则是指这事物背后所隐含的规律和准则。在中国古代建筑中，建筑的精神属性是要远远高于建筑的使用属性的。首先古代生产方式单一，人类的生活也较为单一，对于建筑的使用功能并没有太多的追求。中国古代建筑更多是代表着传统文化中的伦理纲常。中国号称礼仪之邦，礼制宗法是国之根本，而中国传统建筑的形式、布局、组合方式正是传统礼制的体现。从这一角度上讲，建筑的形式可以看作是建筑之本的一种表现。

但是，工业革命之后，人类的生产方式变得丰富和多样，建筑的意义也被进行了重新定义，建筑不再主要依靠其精神属性而存在了，功能主义的兴起使得建筑的合理、科学的使用性成为第一大属性。"体"与"用"在这里迅速发生了转变，就建筑本身而言，形式不再因为制度而发生改变，而是因功能、技术、材料的变化而变化，因此"永恒"的形式将不再存在。如果按照"中体西用"的思想来进行建筑实践，那么中国传统建筑的使用功能将成为建筑的本体，而非形式，但中国传统建筑功能显然已经无法满足近代社会的生活需要，这必然是不能成立的。

"中体"与"西用"的二分法，就此成了一种悖论。

上面谈到，民族形式建筑之所以始终保持"古典复兴式"建筑的主流地位，正是因为整个中国社会与建筑界，没有很快认清建筑形式与功能之间从属关系的转变，而是认为只有中国固有式的存在，中华民族的"体"才得以彰显。这种认知，实际上是非常狭隘的。对于留学海外的中国建筑师来说，在西方时，他们受到的建筑教育，让他们坚定地认为西方古典主义建筑的精华是其严谨的构图形式和柱式、山花的完美比例；归国后，中国古典建筑形式又被宣扬成了中国建筑文化的本体，两套系统的本体同时出现，建筑师只得以自己内心中的一种准则作用于另一套系统。这中间充满了矛盾和冲突，已经无法用"中体西用"来总结了，反而更像是一种"西体中用"的表现。这虽然是处理建筑中"中西融合"的一种方式，但是却将建筑的发展桎梏在一个"形式"与"功用"二分对待的认识中，其造成的建筑形式上的生硬、别扭等问题，笔者也已在前面谈过。

可见，在中国近代建筑的发展中，不光是"中体"与"西用"之间有很大的历史局限性，将"体"与"用"本身解读成"形式"与"功用"的二元关系，在建筑实践过程中，都显得非常勉强。

每个民族都应该继承和发扬本民族的珍贵精神，每个民族都应该积极探索属于自己民族的建筑文化，随着时代的不断进步，每一个时代所吸收的外来文明，经过筛选、转化、沉淀，最后都将成为本民族文化中的一部分。以近代建筑为例，钢筋混凝土材料作为一种西方文明，对中国建筑的转型起到了关键作用，初期，它或者可以被称为一种"西用"，但最后，终将成为那个时代"中体"的一部分。本书认为，在建筑的发展中，体、用之间不是绝对的、一成不变的，"中体西用"作为近代初期的产物，已经不可能被继续沿用。更重要的是，将体、用解读为"形式"和"功用"是十分不准确的。世界历史的发展进入工业革命之后，建筑的"形式"与"功用"已融为一体，相互不能脱离彼此而存在，如果仍旧以"固有形式"作为建筑实践的出发点，那并不是对传统文化的有效传承，反而是背上了沉重的历史包袱。日本著名建筑师隈研吾在评价日本近现代建筑时曾经说过，"二战"后的日本，由于战败而导致民族自信的瓦解，建筑界普遍提倡全盘西化，抛弃旧有的建筑形态。但在之后的发展中，他们却发现建筑师对于本民族精神的体会和理解，在不知不觉中影响了他们的创作，反而发现了日本民族建筑中的"道"。在这里并非提倡中国建筑界也来一次全盘西化的革命，只是想说明，以固定的形式来表现民族精神是一种消极、僵化的思维方式。"西学"不应仅仅只为"用"，而是应该被纳入"中学"之体；而"体"也不应该是简单的建筑形式，中国传统封建社会已经过去，旧有的礼制已经弃用，中华民族文化中，值得当代及未来传承的究竟是什么，什么样的建筑才是真正属于当代中国的民族建筑，这些都需要依靠建筑界有识之士的不懈探索。

参考文献

文献

（春秋）考工记.

（西汉）司马迁. 史记.

（唐）宅经.

（唐）许嵩. 建康实录.

（宋）李诫. 营造法式.

（宋）李焘. 六朝通鉴博议.

（明）计成. 园冶.

（清）清工部·工程做法则例.

（民国）建筑月刊.

（民国）中国营造学社汇刊.

（民国）叶楚伧，刘诒征. 首都志.

出版著作

南京市地方志编纂委员会. 南京市志. 北京：方志出版社，2010.

南京市地方志编纂委员会. 南京物资志. 北京：中国城市出版社，1993.

（民国）国都设计技术专员办事处. 首都计划. 南京：南京出版社，2010.

（民国）杜福堃，陈乃勋. 新京备乘. 南京：南京出版社，2014.

（民国）方继之. 新都游览指南. 南京：南京出版社，2014.

孙中山. 孙中山选集. 北京：人民文学出版社，1981.

卢海鸣，杨新华. 南京民国建筑. 南京：南京大学出版社，2001.

张燕. 南京民国建筑艺术. 南京：江苏科学技术出版社，2000.

姚坚，纪增龙. 鼓楼民国建筑. 北京：中国文史出版社，2006.

罗志军. 南京知名建筑. 北京：五洲传播出版社，2003.

张连红. 金陵女子大学校史. 南京：江苏人民出版社，2005.

夏平．南京政治学院民国建筑考证．南京：南京政治学院政治部，2014.

建筑文化考察组．中山纪念建筑．天津：天津大学出版社，2009.

罗岭．百年南大老建筑．南京：南京大学出版社，1999.

王晓华，陈宁骏．汪伪国民政府旧址史话．南京：南京出版社，2009.

范方镇．中山陵史话．南京：南京出版社，2009.

李海荣．文化南京丛书．南京：南京出版社，2009.

苏则民．南京城市规划史稿．北京：中国建筑工业出版社，2008.

王聂，叶南客．南京对外文化交流简史．北京：五洲传播出版社，2011.

段智均．古都南京．北京：清华大学出版社，2012.

丁帆．金陵旧颜．南京：南京出版社，2014.

李新主．中华民国史．北京：中华书局，1987.

梁思成．梁思成图说西方建筑．北京：外语教学与研究出版社，2014.

梁思成．中国建筑艺术图集．天津：百花文艺出版社，2007.

梁思成．清式营造则例．北京：清华大学出版社，2006.

童寯．童寯文集．北京：中国建筑工业出版社，2000.

东南大学建筑研究所．杨廷宝建筑言论选集．北京：学术书刊出版社，1989.

南京工学院建筑研究所．杨廷宝建筑设计作品集．北京：中国建筑工业出版，1983.

赖德霖．民国礼制建筑与中山纪念．北京：中国建筑工业出版社，2012.

赖德霖．中国近代建筑史研究．北京：清华大学出版社，2007.

潘谷西．中国建筑史．北京：中国建筑工业出版社，2001.

钱海平，杨秉德．中国建筑的现代化进程．北京：中国建筑工业出版社，2012.

李百浩，郭建．中国近代城市规划与文化．武汉：湖北教育出版社，2008.

黄元照．中国近代建筑纲要（1840—1949）．北京：中国建筑工业出版社，2015.

徐苏斌．近代中国建筑学的诞生．天津：天津大学出版社，2010.

杨秉德．中国近代中西建筑文化交融史．武汉：湖北教育出版社，2003.

梅可．中华百年建筑经典．北京：中国人民大学出版社，2006.

赵辰，伍江．中国近代建筑学术思想研究．北京：中国建筑工业出版社，2003.

（美）彼得·罗，关晟．传承与交融：探讨中国近现代建筑的本质与形式．北京：中国建筑工业出版社，2004.

汪坦．第三次中国近代建筑史研究讨论会论文集．北京：中国建筑工业出版，1991.

汪坦，张复合．第四次中国近代建筑史研究讨论会论文集．北京：中国建筑工业出版社，1993.

汪坦，（日）藤森照信．中国近代建筑总览·南京篇．北京：中国建筑工业出版社，1993.

汪坦,（日）藤森照信．中国近代建筑总览·广州篇．北京：中国建筑工业出版社，1993.

汪坦,（日）藤森照信．中国近代建筑总览·北京篇．北京：中国建筑工业出版社，1993.

张鹏．都市形态的历史根基·上海公共租界市政发展与都市变迁研究．上海：同济大学出版社，2008.

伍江．上海百年建筑史 1840—1949．上海：同济大学出版社，2008.

董黎．岭南近代教会建筑．北京：中国建筑工业出版社，2005.

张复合．北京近代建筑史．北京：清华大学出版社，2004.

郭廷以．近代中国史纲．上海：格致出版社，2011.

李新．中华民国史．北京：中华书局，1987.

黄克武．近代中国的思潮与人物．北京：九州出版社，2013.

栾景河．近代中国：思想与外交．北京：社会科学文献出版社，2014.

朱涛．梁思成和他的时代．桂林：广西师范大学出版社，2014.

金雅．蔡元培梁启超与中国现代美育．北京：中国言实出版社，2014.

萧默．中国建筑艺术．北京：文物出版社，1999.

萧默．建筑的意境．北京：中华书局，2014.

刘敦桢．中国古代建筑史．北京：中国建筑工业出版社，1984.

房厚泽．凝固的历史：中国建筑的故事．北京：北京出版社，2007.

沈福煦，沈鸿明．中国建筑装饰艺术文化源流．武汉：湖北教育出版社，2002.

楼庆西．中国古建筑装饰五书．北京：清华大学出版社，2011.

王先需．中国文化与中国艺术心理思想．武汉：湖北教育出版社，2006.

《中国大百科全书》总编辑委员会．大百科全书·建筑·园林·城市规划卷．北京：中国大百科全书出版社，2006.

中国艺术研究院中国建筑艺术史编写组．中国建筑艺术史．北京：文物出版社，1999.

胡恒．建筑文化研究．北京：中央编译出版社，2012.

（美）巫鸿，郑岩．中国古代艺术与建筑中的纪念碑性．上海：上海人民出版社，2009.

（英）威廉·J. R. 柯蒂斯．20 世纪世界建筑史．北京：中国建筑工业出版社，2011.

（法）勒·柯布西耶．走向新建筑．南京：江苏科学技术出版社，2014.

（美）马尔文·塔拉亨伯格．西方建筑史．北京：机械工业出版社，2011.

（美）拉波波特·艾莫斯．文化特性与建筑设计．北京：中国建筑工业出版社，2004.

（日）藤森照信，黄俊铭．日本近代建筑．济南：山东人民出版社，2010.

陈致远．多元文化的现代美国．成都：四川人民出版社，2003．

胡阶娜．美国文化、历史与文学导读．天津：南开大学出版社，2004．

（美）巴里·伯格多尔．1750—1890年的欧洲建筑．北京：清华大学出版社，2012．

（美）戴安·吉拉尔多．现代主义之后的西方建筑．北京：清华大学出版社，2012．

（美）佩德·安克贰．从包豪斯到生态建筑．北京：清华大学出版社，2012．

王文卿．西方古典柱式．南京：东南大学出版社，1994．

（意）曼佛雷多·塔夫里．建筑学的理论和历史．北京：中国建筑工业出版社，2010．

（美）肯尼斯·佛兰姆普敦．建构文化研究．北京：中国建筑工业出版社，2007．

苏秉琦．中国文明起源新探．上海：三联书店，1999．

J W Cody, NS Steinhardt, T Atkin. Chinese architecture and the beaux-arts. University of Hawaii Press, 2011.

J W Cody. Building in China：Henry K. Murphy's "Adaptive Architecture," 1914～1935. 香港：香港中文大学出版社，2001．

期刊论文

贺云翱．南京历史文化特征及其现代意义．南京社会科学，2011（5）．

张复合．关于中国近代建筑之认识：写在中国近代建筑史研究国际合作20年之际．新建筑，2009（3）．

Henry Killan Murphy. The adaptation of Chinese architecture. Journal of Chinese and American Engineers, 1926(3).

刘亦师．从近代民族主义思潮解读民族形式建筑．华中建筑，2006（1）．

刘亦师．中国近代建筑的特征．建筑师，2012（6）．

牛耘．议后现代主义建筑思想：借鉴古典主义风格的后现代主义建筑．大众文艺，2010（4）．

汪晓茜．规划首都民国南京的建筑制度．中国文化遗产，2015（5）．

沈文泰．近代中国民族主义思想的产生及其思想研究．神州，2013（6）．

陈连．南京总统府建筑群的八条轴线．江苏地方志，2014（2）．

赖德霖．童寯的职业认知、自我认同和现代性追求．建筑师，2012（1）．

赖德霖．鲍希曼对中国近代建筑之影响试论．建筑学报，2011（5）．

赖德霖．筑林七贤：现代中国建筑师与传统的对话七例．世界建筑导报，2011（6）．

侯幼彬．文化碰撞与"中西建筑交融"．华中建筑，1988（3）．

王世仁．中国近代建筑的民族形式．古建园林技术，1987（1）．

赵辰．"土木／营建"之"现代性"：中国建筑的百年认知辛路．世界建筑导报，2011（6）．

朱剑飞．政治的文化：中国固有式建筑在南京十年（1927—1937）的历史形成的框架．中国近代建筑学术思想研究．

陆敏，阳建强．金陵女子大学的空间形态与设计思想评析．城市规划，2007（5）．

周学鹰，马晓．吕彦直的设计思想与中山陵建筑设计意匠．南京社会科学，2009（6）．

冷天，赵辰．原金陵大学老校园建筑考．东南文化，2003（3）．

学位论文

薛颖．近代岭南建筑装饰研究．华南理工大学博士论文．

季秋．中国早期现代建筑师群体：职业建筑师的出现和现代性的表现（1842—1949）以南京为例．南京东南大学博士论文．

彭小青．近代中西建筑文化交融影响下的广州建筑．东南大学博士论文．

胡志刚．梁思成学术实践研究 1928—1955．东南大学博士论文．

路中康．民国时期建筑师群体研究．华中师范大学博十论文．

钱海平．以《中国建筑》与《建筑月刊》为资料源的中国建筑现代化进程研究．浙江大学 2010 年博士论文．

方雪．墨菲在近代中国的建筑活动．清华大学硕士论文．

陈扬．近代南京基督教堂建筑研究．南京工业大学硕士论文．

程琛．梁思成建筑创作思想探究．中国美术学院硕士论文．

高峰．功能主义建筑：美国—德国—美国．天津大学硕士论文．

刘园．国民政府《首都计划》及其对南京的影响．东南大学硕士论文．

后记

　　人对事物的认知是一个非常复杂的过程，它需要经过由表及里，由现象到本质地一步步发展。近代时期的中国建筑界，在面对中西建筑文化的碰撞时，毫无历史经验可借鉴，只能参考其他国家的做法。这个时候，以折中主义的理念在建筑的形式上进行创新和尝试，是历史的一种必然选择，也符合人类对信息进行加工处理的自然反应。随着民族形式建筑的发展进入当代，古典复兴式大屋顶建筑仍然随处可见，本书并不否定这一类建筑在表现民族精神层面的优势，但比起千篇一律地泛滥使用，参照近代时期，这种样式更多地出现在行政、文化类建筑上更为合适，而工商、民用类则可以采用其他样式类型。

　　近代民族形式建筑的出现，在 20 世纪初的时代背景下，较好地解决了中国古代建筑文化和西方外来建筑文化之间的冲突，并为中国传统建筑体系的再利用与再发展提供了重要的思路。从这两点来说，它对中国现当代建筑发展具有重要影响和启发意义。但另一方面，这一批建筑诞生于动荡不安的时局之中，政治导向、社会发展、民族情结等因素局限了其更加广阔的发展空间，而背后的建筑思想最终没有得到科学的整理和全面的升华，这是令人遗憾的不足。发现和总结这些不足，则对当代中国建筑取得更加科学、全面的发展非常有益。

　　建筑常常是耗时长久的巨大工程，很难及时反映时代的变化，与时代的进步同步进行，但是，这并不妨碍建筑作为人类文明的精华，其发展应该敏锐地捕捉时代的脉搏和动向。继承传统和民族精神，并不是指不要发展，或者简单地照搬前人做出的成绩，而是应该时刻遵照创新与传承并行的方式。创新一方面指对时代新型产物及理念的把握和转化，另一方面则是指不断地以全新的角度和思维去看待历史、挖掘传统，只有这两方面同时发展，才是创新意义的体现。

日本现代建筑的发展与中国有着相似经历。20世纪60年代，日本"新陈代谢派"的出现激发了一代建筑师对传统文化与现代建筑表现上的新看法，代表设计师有丹下健三、黑川纪章、矶崎新等。他们对继承传统提出了三种思路，一、在沿袭历史形态的同时，逐步引进新技术和新素材，对传统进行变革。二、将传统形态打散后重新编组于现代建筑之中，使历史形态在这个再创作的过程中获得新的意义。三、发掘历史形态中所包含的审美意识、思想、生活方式等隐性因素，通过抽象的手法去表达出来的建筑被定义为"道的建筑"。

总的来说，我们在参考和借鉴民族传统文化的时候，不应该不假思索地继承，而应该多多探讨。将讨论的重点放在前人思考问题的过程和解决问题的方法之中，而那些在特定背景下，经由不同思想凝结而成的具体样式，照搬到当代不见得就是合适的，也不会起到所谓事半功倍的效果。

近代民族形式建筑的研究工作任重而道远，本书只是尝试在前人的基础上继续向前一步，并不能全面地表现此课题研究之广博，另外，也还有很多的不足和疏漏需要笔者在日后的研究中努力完善。尽可能科学地对这批建筑进行整理，客观地分析其优、缺点，总结其重要的价值和时代意义，是本书的首要任务；而这任务的主要目的，不但是希望相关人员在日后进一步研究的过程中能以此为参考，也是想强调近代建筑重要的文物价值，希望它们能在保护、修缮、维护等方面得到进一步的重视。